人际沟通的核心能力

——共情的理论与应用

主　　编　官锐园

副 主 编　高　隽　张丝艳

主　　审　钱铭怡

编　　委（以姓名汉语拼音为序）

高　隽（复旦大学社会发展与公共政策学院心理学系）

官锐园（北京大学医学部医学人文研究院）

韩海英（北京慧心源教育科技有限公司）

焦守玮（北京大学医学部医学人文研究院）

徐凯文（北京大学学生心理健康教育与咨询中心）

张　琪（北京大学医学部医学人文研究院）

张丝艳（北京大学医学部学生心理咨询中心）

赵　佳（北京大学医学部医学人文研究院）

北京大学医学出版社

RENJIGOUTONGDEHEXINNENGLI
——GONGQINGDE LILUNYUYINGYONG

图书在版编目（CIP）数据

人际沟通的核心能力——共情的理论与应用/官锐园主编.
—北京：北京大学医学出版社，2018. 3
ISBN 978-7-5659-1745-5

Ⅰ. ①人… Ⅱ. ①官… Ⅲ. ①压抑（心理学）
Ⅳ. ① B842.6

中国版本图书馆 CIP 数据核字（2017）第 329887 号

人际沟通的核心能力——共情的理论与应用

主　　编： 官锐园
出版发行： 北京大学医学出版社
地　　址：（100191）北京市海淀区学院路 38 号　北京大学医学部院内
电　　话： 发行部 010-82802230；图书邮购 010-82802495
网　　址： http://www.pumpress.com.cn
E-mail： booksale@bjmu.edu.cn
印　　刷： 中煤（北京）印务有限公司
经　　销： 新华书店
责任编辑： 陈　奋　靳　奕　　**责任校对：** 金彤文　　**责任印制：** 李　啸
开　　本： 710mm × 1000mm　1/16　　**印张：** 12.75　　**字数：** 223 千字
版　　次： 2018 年 3 月第 1 版　2018 年 3 月第 1 次印刷
书　　号： ISBN 978-7-5659-1745-5
定　　价： 48.00 元

序　言

几个月前，官锐园将其主编的《人际沟通的核心能力——共情的理论与应用》一书的书稿发给了我，希望我能够为此书写序。我断断续续地在出差及假日旅游的空隙浏览了全书。

当官锐园告诉我，她及高隽、张丝艳等一起完成了一本共情的书时，我一下子想起了20世纪80年代末为翻译“empathy”一词，和我的大学同学张雨新讨论的情景。我告诉官锐园，“共情”的翻译就是那时我们提出来的。官锐园高兴地说：“那就把这个事情写在序里吧！”

那是1987年，我作为访问学者在荷兰的莱顿大学访学。期间我的导师Gerda Methorst帮助我申请到经费，到英国伦敦参加一个认知行为治疗的会议。我在那里见到了认知治疗的创始人贝克，这是此行的一大收获。另一个收获即是对“empathy”一词的翻译。伦敦会议之后我去了苏格兰的首府爱丁堡，我大学时的同学张雨新那时正在爱丁堡攻读博士学位。到张雨新处做客的我特意和他讨论了“empathy”一词的翻译。当时查到的英汉词典上的翻译是“感情移入”和“神入”，前者是一个四个字的翻译，使用起来并不顺口，感觉应该将其翻译为一个两个字的中文词；而后者虽然是两个字的词，却感觉并不能很好地反映“empathy”的原意。按照当时我对“empathy”的理解，认为翻译为“移情”更合适。但是这个中文词对应的英文词是“transference”，所以不能再用。当时我们也知道台湾将“empathy”翻译为“同理心”或者“同理”，但这样的翻译虽有“心有灵犀一点通”的感觉，却未能反映“empathy”中包含的“-pathy”，即情感共鸣的含义（翻阅字典过程中，发现以“-pathy”为后缀的词翻译为中文大都包括一个“情”字）。讨论至此，我们感觉这个词的翻译应该包含一个“情”字。我们又想到“共鸣”一词，但还是感觉不理想。一是这个词已经有约定俗成的解释，二是它虽然可以扩展到人与人心灵层面的相互理解，但无法反映出“empathy”的情感内涵。最后不知是谁突发奇想，感觉可以取“共鸣”中的“共”字，另取“-pathy”后缀包含的“情”字，组成“共情”二字来翻译“empathy”一词。此时两人一拍即合，共同认定这个词这样翻译最合适！现在想想，那时也真的是年轻气盛，居然不知天高地厚地自造了一个中文词！

我 1988 年从荷兰回到北京大学心理学系之后，恰好系里的高云鹏老师正在筹划培训用的一系列心理学书籍的编写。考虑到我回北大新开设的心理咨询课程也有对教材的需要，我撰写了《心理咨询》一书（1989 年由光明日报出版社出版；此书于 1994 改版为《心理咨询与心理治疗》，由北京大学出版社出版）。在这本书中，我在介绍罗杰斯对治疗关系的论述中第一次使用了“共情”一词来翻译“empathy”。因当时心理咨询的书籍尚少，此书的出版受到欢迎，“共情”一词的翻译也就逐渐传播开了。

后来我的研究生中也有对共情开展研究的。率先开始共情研究的是徐凯文，他于 2009 年完成了“反社会型人格障碍的共情缺陷及其干预研究”的博士论文。他研究共情，且学以致用，在监狱考察了一批服刑人员的共情缺陷对反社会型人格障碍的预测作用，并通过对反社会型人格障碍者的共情缺陷的团体干预，有效地提高了被评估为反社会型人格障碍者的认知性共情和情感性共情能力。我们实验室中林沐雨、王凝等还研究了女大学生共情对自我中心和利他行为的关系的影响，发现特质性共情与状态性共情均对特质性自我中心和利他行为之间的关系具有调节作用。官锐园 2010 年的博士论文也是以“情感性共情的分型及其特征研究”为主题，对情感性共情的不同类型及其认知特征做了详细的探讨。

现在看来，官锐园对共情的研究并没有止步于她的博士论文，她主编的这本书就是很好的证明。本书对共情的概念和意义、共情的发展及神经生理机制等涉及共情的基础内容进行了较详细的阐述，同时介绍了心理学界与共情有关的理论及如何对共情进行测量；在此基础上，书中对共情与心理障碍、共情与人际沟通、共情与职业助人者的助人行为之间的关联也做了介绍，这个部分涉及共情的作用和应用；书的最后一章对如何进行共情能力的培养与训练进行了论述。为增进读者的理解，此书还设有知识链接的专栏，使这本书的内容更易于理解和记忆。

为撰写此书，官锐园等作者查阅了大量国内外关于共情的文献，可见他们为这本书的完成是下了功夫的。需要指出的是，本书由多个作者分工撰写，不同作者对共情的理解有些许差异；此外，不同的章节在论述的深度及文字的风格和功底方面也有所不同，个别内容也有少量重复。但瑕不掩瑜，总体而言，此书结构清晰、内容丰富，有助于读者更深入、系统地理解共情。

2016 年 5 月，浙江科技出版社出版了赵晶的《共情与教育》一书，书中很好地介绍了共情，其内容还包括了与共情相关的哲学思考及如何进行教书育人。目前助人专业领域尚未见涉及共情的专著，官锐园等主编的这本书与赵晶的书在共情主题上是遥相呼应，在内容方面则各有千秋。

官锐园主编的这本书正式完稿于 2017 年，这个时间距离 1987 年我们提出共情的翻译，恰恰经过了 30 年！我们当年只是对共情如何翻译做了探索，而年轻的后来者们对共情有了更为深入的研究。这折射出专业学科的发展，也让我们看到了年轻一代的成长。

写此序言时，我看到了官锐园自己为此书撰写的序言。她写了她在学习和研究共情的过程中领悟到的共情的丰富内涵，体会到的助人工作中共情他人、关注他人福祉的愉悦和快乐。我仿佛也感受到了她的这种体验，这也可以说是一种共情吧。

钱铭怡
写于 2017.6.30
于北京交通大学宜园

自 序

共享我们的情感——一个听起来很温暖的说法

我想写这本书的原因有很多，最主要的就是越来越认识到共情的价值和意义，因为共情几乎能解释和解决人与人之间的所有冲突。纵观人与人之间的冷漠，大多源于没有体会到别人的痛苦和需要；人与人之间的不满，也源于没有站在别人的角度来看待问题；人与人之间过分的爱与恨，则源于过度地以自我为中心，而没有真正去体察和尊重他人。如果这些冲突不解决，人们将难以获得最终的平静和快乐。

关于如何得到快乐，心理学家阿德勒曾提出，人们真正的快乐是利他主义的，而感受到他人的痛苦（也就是情感性共情）是利他主义行为的前提。因此，Hoffman①认为，共情是人类关心他人的火花，是使社会生活成为可能的粘合剂。此外，佛教中提出的慈悲，其核心就是自他交换，也就是将自己换到对方的位置来对待和看待对方（也就是认知性共情）。因此，在人们寻求幸福的道路上，共情是通往快乐之门的敲门砖。

但共情的作用还没有这么简单。即便一个人不急于去获得快乐，但至少要在社会中生存下来，也就是至少要能够适应基本的社会生活。人类学家指出，共情让人们能够互相体察痛苦而相互帮助，是人类能够生存下来的重要能力。虽然现在网络时代的发达可以让人们有机会避免与他人见面，但还是要通过沟通和信息的互动来获得工作和薪水。所以，对于一些有共情缺陷的人来说，融入社会就会变得非常困难。人们常说的孤独症或者自闭症的个体，就是这样一些存在共情缺陷的人，他们难以理解他人的情绪和感受，也没有办法分享他人的情感，尽管并无恶意，但是常常难以融入社会，以至于无法正常地生活和工作。还有一些人虽然具备正常的认知能力，但是却表现出对他人冷漠，甚至出现以让他人痛苦为乐的行为，这类人被诊断为自恋型人格障碍或反社会型人格障碍。对于这些生理或社会因素导致共情缺陷的人来说，提升其共情的能力就显得非常重要。

---

①马丁 · L · 霍夫曼（Martin L. Hoffman）. 移情与道德发展：关爱和公正的内涵 [M]. 杨韶刚，万明，译 . 哈尔滨：黑龙江人民出版社，2003：3.

即便是能够正常工作和生活的人们，在缺乏共情的意识和技能的时候也难以获得满足感。我们在工作中的满足感除了来自于工作任务的胜任水平，还来自于对人际环境的满意程度，如与领导的关系、与同事的关系、与工作对象的关系。在这些关系中，难免存在摩擦与冲突，而那些共情能力高的人多能够设身处地地体谅他人的痛苦或困难，因此不会轻易迁怒或挖苦他人，从而建立起和谐的人际关系。反之，那些总是以自我为中心、难以换位思考的工作者，则常常处于愤怒、委屈、抱怨的情绪之中，也难以与他人建立平等、真诚的人际关系。从这个角度来说，那些自认为怀才不遇的高智商者，常常没有意识到自己的共情商数并不太高；那些抱怨孩子不听话的家长，也可能只是从来不知道要站在孩子的立场上去理解和思考问题；那些彼此指责的情侣，多是只在索取，而不肯从自我中走出来去真正体谅对方。所以，提升共情能力算得上是我们每个人的功课。

我之所以开始对共情这个概念感兴趣，是缘于我的老师——北京大学钱铭怡教授最初的指导。我在读博士期间选择这个专题开展研究，渐渐领悟到这一概念的丰富内涵和哲学高度：共情不仅仅是一种人际沟通的技巧，还是一种主张人人平等、尊重他人权利和福祉的人性观。我们唯有成人和尊重到每个人在这个世界中生存的权利和价值，才能真正关心他人、体谅他人、乐于帮助他人，并且实现自我的终极快乐。我在学习和研究共情的时候得到了这种快乐，也希望更多的人能够得到这种快乐。因此，感谢钱老师一直以来对我的支持和帮助，同时也感谢参与这本书编写工作的编辑老师、同门、朋友以及学生们，正是大家共同的努力才使本书得以出版。对于本书的不当之处，也请读者朋友不吝指教。如有任何意见和建议，请发邮件至 guanry@bjmu.edu.cn。

前　言

作为一项人际沟通的核心能力，“共情”这个概念在儿童发展心理学领域、脑认知基础心理学领域、社会心理学领域、心理治疗及人际沟通领域都已经被广泛使用，因此很有必要针对这一主题开展系统的研究和实践。国外关于共情的专著和研究文章非常多，而中国还没有一本著作系统地介绍共情的理论和应用，只有一些相关的研究类文章，但多数作者是从自己的研究领域对“共情”的概念和理论进行阐释，结果导致概念上的混乱，甚至出现错误使用这一概念的现象。基于以上的原因，本书在综述近几十年来众多科学研究成果的基础上，系统地介绍了共情相关的理论研究以及实际应用的相关内容。希望读者可以通过本书系统地了解共情的内涵和外延，包括儿童共情能力的发展规律、共情能力缺陷所带来的个人困扰和心理问题，以及如何在不同职业中提升和培养共情能力。

本书适合于从事心理学研究的教师和学生，也适合于对人际沟通技术、儿童社会融合能力等问题有兴趣的普通读者。尤其是对于医务工作者和医学生来说，不仅可以使用本书开展共情相关的神经心理学、孤独症治疗等方面的研究和实践，还可以将本书作为医学教育者的指导手册，以培养医学生共情能力的发展，提高以共情为核心的医患沟通技术，提升其职业适应能力和生活幸福感。

全书共有八章，主要分为理论部分和应用部分。在理论部分，我们用四章的内容介绍了共情的基本概念、心理发展、神经生理机制以及测量；在应用部分，我们用四章的内容介绍了共情与心理障碍、人际沟通、职业行为以及共情能力的培养途径。本书主要由北京大学医学人文研究院医学心理学系（筹）的师生以及心理学专业人士编写，内容涵盖共情概论，共情能力的发展，共情的神经生理机制，共情的测量，共情与心理障碍，共情与人际沟通，职业助人者的共情行为，共情能力的培养与训练。

目 录

1 共情概论

感情的长处在于会使我们迷失方向，而科学的长处就在于它是不动感情的。

——王尔德

第一节 共情的概念与意义

一、共情的定义

“共情”一词来源于德文“Einfühlung”，最初是一个美学概念，用来表示人们把自己的心灵感受主动投射到所看到的事物上。Titchener 在 1909 年用一个英文单词“Empathy”来代替“Einfühlung”，将其定义为“一个把客体人性化的过程，感觉自己进入别的东西内部的过程”[1]。因此，从最早关于共情的定义中可以看出，共情是自我的主观感受与其他客体相结合的过程。

从共情这个概念产生以来，心理学家们对其进行了多种界定。人本主义心理学家罗杰斯[2]从心理咨询的角度对共情进行了定义：共情是指感受到的来访者的世界仿佛是咨询师自己的世界，但是又没有失去“仿佛”的意识，也就是说，咨询师在咨询过程中，能够深入走进来访者的内在世界，能够主动用来访者的眼光、态度来看待和体会这个世界，但是同时也能清醒地知道自己仍然是咨询师的角色。罗杰斯[3]认为，共情是心理咨询中真正帮助来访者产生治疗性改变的基础。在罗杰斯的定义中，共情不仅是一种技术，也是一种态度和能力。Zderad[4]从过程论的角度提出，共情是一个人对他人的一种体验，即感觉到进入另外一个人的思想、感受、精神、状态、需要以及其整个私人世界。而 Kalisch[5]则强调共情是一种特质性沟通能力，认为共情是进入另一个人生命的能力，即意味着一个人有能力准确地体会到他人的感受，并且理解这些感受的含义。有一些研究者强调从情感层面来理解共情，如 Hoffman[6]认为共情是对另一个人的情感线索发生的无意识的共鸣性的反应。

二、共情与相关概念的联系与区别

1．共情与同情　共情与同情是两个非常相近的概念，因此，也经常产生混淆。我们可以先从定义上来考察一下二者的联系与区别。

同情，英文为“sympathy”，有研究者认为，同情是对他人的关心、担忧和怜悯，是对他人困境的自我情感表现[7]，而共情是从他人的角度去感受、理解他人的感情，是分担和分享他人的感情，而不是表达自我的感情[8]。因此，同情和共情都涉及对他人处境的情绪感受。不过，从定义中可以看出，同情的发生多是在他人处于不幸事件的时候；而共情可以是在很多情境中发生，如他人处于愤怒、嫉妒、焦虑甚至是快乐的情境。因此，从范围来讲，共情发生的情境要比同情更广。

从关系的层面来说，同情蕴含着对他人的怜悯，暗含着同情者的境遇似乎高于被同情者；而共情则意味着认可他人的感受，暗含着接纳和信任，共情者与被共情者是处于平等的地位[9]。从两个人的关系来看，同情者和被同情者之间更像是一种强者对弱者、或者强势对弱势的关系。而共情则是以两人平等的角度进行，没有孰强孰弱，只是一种对对方处境和感受的体谅。

从行为的层面来说，同情与共情所导致的行为也会有所差异。同情的发生，常发生在个体看到别人的痛苦时，所产生的情感会导致自己有一种采取行动的欲望，以希望能帮助他人摆脱痛苦，从而减轻自己的心理不适。例如，当你走在路上，看到一个无家可归者在乞讨时，可能因为对方很可怜而感到难过，进而想去给予他金钱的帮助以减少自己的难过，这就是唤起了同情心；而当你只是在尽量体会乞讨者当时的心情，如感到对方正在悠闲地享受着阳光，给予帮助的时候也只是因为觉得对方需要，而不是为了调节自己的心情，这种时候就应当算是共情。如此区分的依据是，同情更多的时候是从自己的角度去理解对方，以自己的经验来试图帮助对方或解决问题。因此，同情发生时，人们给予的帮助行为多是从自我的角度，如看到受灾的人，通过捐钱来缓解自己的难过之情。同情者所提供的帮助可能有用，但也可能无效。而共情则是站在被共情者的角度去体会被共情者的需要，可能会一起来讨论如何自救或自助，被共情者可能没有得到物质层面的帮助，但是在精神层面能够感到被理解、被尊重。

Baron-Cohen 和 Wheelwright[10] 认为共情和同情不是彼此完全不同的事物，

双方有一定的重合，甚至同情是属于共情的一个子集。拜伦 - 科恩认为，认知性共情和情感性共情彼此有重合的成分，而同情与认知性共情和情感性共情都有交集。

情感性成分是指看到或知道他人的情绪时所产生的一种适当的情绪；认知性成分是指理解或预期他人可能的想法、感受或行为。同情是指看到或知道他人的痛苦时所产生的一种情绪，这种情绪可能会驱使你想去缓解他们的苦难。

2．共情与情绪感染　情绪感染（emotional contagion），是指人们会有意无意地受到他人情绪的影响而同步产生类似的情绪。就好像一种情绪可以由一个人传染给其他人。由于共情也是对他人的情绪感受的一种分享，因此，这两个概念在某种程度上具有很多相似性。尤其是情感性共情中的自身痛苦（personal distress，PD）因子，就是指当看到别人的痛苦时自身也感到难过、不安等情绪，这一因子与情绪感染几乎有所重合。不过，情绪感染在发生过程上与共情有明显的不同。

共情和情绪感染的区别在于，共情受到“自主性”的影响，也就是人们可以自主决定要不要对对方产生共情性情感，而情绪感染没有这一特性，常常是不由自主产生的类似情绪。

Hatfield[11] 认为情绪感染分为两个步骤：第一步是我们模仿他人，例如看到别人对我们笑，我们也会笑起来；第二步是通过一种假动作来改变心情。如我们开始做出微笑的表情，在嘴角上翘、做出微笑的时候也会开始感到快乐，同样皱眉时也会感到不开心。由此，Hatfield 等认为，人们的情绪，可以受到他人的非语言线索的影响，而可能与他们的真实感受相反。因此，确认情绪和明确情绪的来源可以帮助我们避免情绪传染。

早前的研究认为情绪感染是可以理性控制的，不过目前的研究者多认为情绪传染是更加微妙和自动化的 [11]。人们认为情绪感染更多是通过非语言交流，不过有的时候可以通过电子沟通来实现，如人们通过电子邮件进行交流和闲聊时可以受到他人情绪的影响。

在情绪的性质方面，负性事件倾向于更强、更快地激发情绪的反应。因此，不愉快的情绪通常更容易导致情绪感染 [12]。不过，有时候当人们希望用情绪感染他人时则需要更多的认知努力和意识化。如在工作场所有关于情绪劳动的说法，指的是许多服务业等工作需要保持一定的积极情绪，而工作者若被迫表现出某种并非真实的情绪，需要付出很多体力和精力。在此过程中，情绪感染是有目的的情感影响的副产品 [13]。

因此，总的来说，情绪感染能力决定了一个人是不是容易受到他人情绪的影响，而共情能力强的人，可能也是一个容易受到情绪感染的人，这样才能很快捕捉到他人的情绪性信息，进而产生共情性的认知或行为。不过，情绪感染能力过强则可能会使得个体容易卷入到他人的痛苦中，从而受到影响过多，导致情绪耗竭。在关于护士的研究中发现，那些自身痛苦得分较高的护士，发生职业情感倦怠的概率也较高[14]。

三、共情与人际和谐、幸福感的关系

1．共情促进人际和谐　Rogers[2]曾提出，咨询师对来访者进行共情是心理咨询产生效果的主要原因。因此，共情也成为人本主义心理疗法的主要技术，并且成为当今所有心理咨询与治疗方法的基本技能之一。

共情能力不仅是一个心理咨询师处理好咨询关系的必要的条件，也是一个普通人处理好工作、家庭以及友谊等人际关系的必备条件。通常，一个共情能力强的人能够处理好与身边的人的关系，表现出较强的人际交往能力。因为共情能力强的人，可以较好地接纳身边人的负性情绪，具有较好的亲和力，可以促进和谐的人际关系。甚至在人际冲突中，情感性共情和认知角色采择能力对人际关系起着修缮和弥补作用，能够缓解冲突和促进温暖性的关系[15]。

对于儿童青少年来说，共情对健康的人际交互作用和良好人格特性的形成非常重要，共情能力与社交能力呈正相关[15]。有研究显示[16]大学生共情能力提升以后，人际交往能力以及人际敏感都得到明显的改善，因此，共情可以被认为是一种能够提高的亲社会技能。

2．共情促进幸福感　幸福感主要是指人们对其生活质量所做的情感性和认知性的整体评价。幸福是个体根据自己的标准对其生活质量满意时产生的愉快感觉。而个人的生活质量和愉悦感很大程度上是在与他人交往的过程中实现的。针对在校学生的研究显示，那些好交际、合群、活跃的人，普遍感到快乐并对生活感到满意。同样，那些家庭关系比较稳定，家庭成员间能够相互关怀的青少年的生活总体满意度也较高[17]。因此，良好的人际关系会导致积极情感的增加，进而个体可以获得高幸福感。

由于共情是人际交往中的核心能力，因此，共情也与主观幸福感有紧密的联系。谭恩达等[18]通过相关分析发现：在共情的情感性成分中，其中的共情性关注与主观幸福感呈正相关，也就是说，那些对他人的痛苦能够产生关注、同情或者有亲近感的人，自己的主观幸福感也较强；而那些看到他人痛苦自己也产生焦虑、不安、难过的感受的人，主观幸福感较低。

因此，共情是一个人能够产生幸福感的重要基础，具有共情能力的人能够体谅他人的困境，关怀身边的朋友、亲戚或者陌生人，也能感受到较高的亲密感和愉悦感，从而提升自己的幸福感。

3．共情促进利他行为　利他行为主要是指那些对他人有明显的益处，而对自己没有明显好处的自愿行为，或称为不求回报的助人行为[19]。利他行为是人类作为群体社会能够生存和发展的重要动力。因为每个人都有虚弱、无力而需要帮助的时候，只能依靠他人无私的帮助才能度过难关。无数感人至深的故事也都是发生在人与人之间，甚至人与动物之间的无私帮助的过程中。

关于如何激发人们利他行为的研究发现，共情是导致人们产生利他行为的重要情绪性动机。Batson[19] 曾经提出，不同的共情水平可以导致不同动机的利他行为。

自利性的利他行为的定义为当共情主要产生自身痛苦时，人们会产生自利性的利他行为，如人们感受到他人悲伤时，自己产生的伤感、痛苦等情绪，可以能够通过助人而缓解，因此人们会倾向于去帮助别人，这种助人行为也会因为不断重复而得到强化；或者人们发现通过早期给予帮助，可以避免因对方陷入痛苦自己产生的痛苦、内疚等感受。这一类利他行为更多地是为了缓解自己的痛苦，因此，也被称为自利性的利他行为。在很多抗震救灾的活动中，有的人在电视中看到过多的痛苦场面而寝食难安，当通过捐款、捐物等行为后，自己的痛苦感受得以缓解，这种情形，则有可能是一种自利性的利他行为。

纯粹的利他行为的定义为有一些人通过了解对方而产生共情性关注，因此会尽力站在对方的立场来看对方需要什么样的帮助，而不以自己获得奖励或者逃避痛苦为目的，这被认为是一种纯粹的利他行为。

不管是自利性的利他行为还是纯粹的利他行为，都是一种有助于他人的行为，因此都是这个社会所需要的，不过，由于二者的主要差异在于是从自身角度出发还是从受助者角度出发，所以产生的利他行为会有不同的效果。一般来说，自利性的利他行为通常是短暂的、一过性的、表面化的，当助人者的心情因为助人行为而好转后可能就会停止助人，或者只是按照自己的想法去帮助他人，并不会考虑更多的助人者的心情和需要；而纯粹的利他行为可能是长久的、尊重性的、深层次的，助人者会从受助者的自尊心、生存环境等多方面给予关照，并且尊重受助者的个人尊严和选择的权利，因此，是一种真正意义上的助人。

不过，共情导致利他行为也不总是有效，有研究显示，对于那些特质性共情能力较高的人，很容易因为唤起了共情而出现帮助他人的行为；而对于很多共情能力较低的人，即便唤起了共情性情绪也未必会出现助人行为，如果助人的成本太高或者助人的结果不太理想，很多人通常也不会立刻去实行助人行为。对于那些看到他人的不幸遭遇而体验到自身痛苦的人，如果帮助他人是减轻自己痛苦的最容易的方法，他们会去帮助面对那些痛苦的人或贫困的人；但如果能够轻易地逃避接触那些贫困或痛苦的人，他们宁愿选择回避而不是帮助。因此，从这个角度来说，如果要实现社会环境中的互利行为，从社会管理层面来制定降低助人成本、增加助人者的心理荣誉等相关规章制度，应该能够更好地促进整个社会互助互利的风气。

案例：凯蒂·吉诺维丝案件。1964 年发生在纽约某街区的谋杀案，在凌晨至少有 38 位邻居听到或目击，但无一人相助或报警，此后，心理学家们开始关注诸如社会冷漠、非助人行为、反社会行为等负面现象的研究。

第二节　共情的基本理论

一、共情的基本成分

由于对共情的研究领域和范畴不同，关于共情的成分问题有较多争议。目前，较为公认的是共情包括认知性共情和情感性共情两个维度 [20]。也有学者认为共情是多维度的 [21] 或者整合的模型 [22]。

（一）二元成分说

主张二元论者认为共情主要由认知性共情和情感性共情两个成分组成。认知性和情感性共情的最大区别在于前者是对他人情感的认知性理解，而后者包括的是对他人感受的分享，至少是对总的情感水平（高兴或不高兴）的分享。多数学者认为认知性共情和情感性共情是并存的。Decety[23] 从神经科学的研究中发现，根据共情被唤起的情况，共情包括自动模仿他人情感表达的倾向（自下而上的加工）和进入他人的感受和思想的转换能力（自上而下的加工）。Hein 和 Singer[24] 研究发现，共情过程激活了与情绪有关的脑区（如脑岛、边缘系统）和认知功能有关的脑区域（如前扣带回、顶叶、前额皮质以及颞顶联合区）。因此支持认知性和情感性共情二者共存的观点。

1．认知性共情　是指理解他人情感的含义，并且能够从不同角度看问题[21]，一般称为观点采择（perspective taking，PT）。例如，如我们当看到一个孩子在路上一边找妈妈一边哭泣时，我们能够理解他是因为悲伤或是害怕而哭泣。

有的研究者认为，认知性共情包括心理理论[25]和准确地理解他人[26]这两种成分。心理理论是指理解他人的心理状态，包括对他人的信念、意图、行为、道德和情感等的理解；而认知性共情则仅指对他人情绪和情感的理解。Singer[27]从脑机制的角度指出心理理论与共情的区别，心理理论的功能水平取决于大脑的颞叶和前额皮质；而共情能力则更多地依靠感觉运动皮层，也包括边缘系统及其周围的结构。二者依赖不同的脑区结构，而且从相关脑区的进化来看，共情的发展早于心理理论。已有研究发现，共情与认知灵活性有较强的相关性[28]。也有研究发现[21]，认知性共情能力越强的个体，在面临他人不幸遭遇时感受的自我痛苦体验更少，而产生的关注性情感更多。

2．情感性共情　主要是指对他人情绪的自我情绪感受。例如当我们看到别人悲伤的时候，通常也会产生类似的感受。此外，研究者也认为情感性共情是一种内在的能力，而不是一种交流技巧[29]。从生物学的角度探讨共情发生过程中的生理指标，发现共情者推断被共情者的负性情绪的准确性与两人生理状态的同步性有关。也就是说，当两个人的生理指标（如心率、肌肉活性等）越匹配的时候，这两个人越能够准确地觉察到彼此的感受。

对于情感性共情的成分，通常认为分为共情性关注（empathic concern，EC）和自身痛苦（personal distress，PD）两种成分。也就是说，当我们面对他人的不幸遭遇的时候，不仅会产生一种同情、温柔、怜悯等较为积极的情绪反应，还会产生焦虑、不安、难过等痛苦的情绪反应。Stotland[30]对人们看到他人痛苦时产生的情绪感受进行因素分析，提取出两种情绪反应：一种是他人 - 指向（other-oriented）的正性反应，即同情的、心软的、温暖的、富有同情心的、温柔的和感动等情绪反应；另一种反应是自我 - 指向（self-oriented）的负性反应，表现为警觉的、伤心的、麻烦的、痛苦的、难过的、打扰的、担忧的、不安等情绪反应。

由此说来，情感性共情反应是一种既包含积极情绪，又包含消极情绪的复杂情绪状态，而脑成像的研究也支持积极和消极情绪可以共同激活的观点[31]。这两种情绪反应的区别之处在于他人指向的关心、关注等积极性的情绪能够激发人们的利他性动机，即愿意采取行为减轻他人的痛苦；而个人的痛苦体验等负性情绪则容易激发人们的自利性动机，即采取行为的目的是要减轻自己的痛苦[19]。

总的来说，根据不同的分类规则，情感性共情存在一个较为复杂的分类现象。如按情绪的性质[19]，可以分为正性情绪（共情性关注）和负性情绪（自身痛苦）；而按情绪的指向性[30]，则可以分为指向自我的情绪（自身痛苦）和指向他人的情绪（共情性关注与替代性悲伤）；而按情绪的状态，又可以分为特质性共情（共情性关注与自身痛苦）[21]和状态性共情（共情性关注、自身痛苦与替代性悲伤）[32]。而这些分类的不同所造成的困境是，人们在比较共情性情绪的研究结果的时候，需要谨慎地评估每个研究所使用的工具和评价体系。

（二）多元成分说

除了二元成分理论，也有学者认为共情是多维度的或者整合的模型。Davis[21]认为，共情是“对所观察到的另一个人的体验的心理反应过程，包括情感的、认知的和行为的机制和结果”。Morse[33]提出共情可以分为情绪性、道德性、认知性和行为性四个部分。Blair[34]则认为共情有三个成分：认知性共情、自动性共情和情感性共情。

随着神经科学的发展，研究共情神经机制的学者认为[23-35]，共情过程中有三个基本成分：①是一种对他人的情感性的反应，分享他人的情绪状态；②是采择他人观点的认知能力；③是情绪调节过程。共情具有某种监控机制，保证个体能够区分感受的来源（自我或他人）。不过严格来讲，这三个成分也可以划归到认知和情感两个方面。

总的来看，关于共情的结构问题，认知性共情和情感性共情这两个成分是不可或缺的内容。关于这两个成分的作用情况和产生机制则仍有一些争议没有得到解决，例如在共情的过程中是认知成分先起作用还是情感成分先起作用，二者是能够分离的还是由于其紧密的相互作用而不可分割的，共情中的认知过程对情绪具有什么样的影响作用，被唤起的共情性情绪又会怎样影响人们的认知或行为，这些问题还有待进一步澄清。

因此，综合各个概念，共情中的不同成分之间有重合的成分。总的来说可以用图 1-1 来表示各个概念之间的关联：在这些概念之间，情感性共情涵盖自身痛苦与共情性关注两个成分；认知性共情主要是指观点采择，也包括共情性关注的认知成分；而同情与情感性共情所共同涵盖的部分可以称为情绪感染。

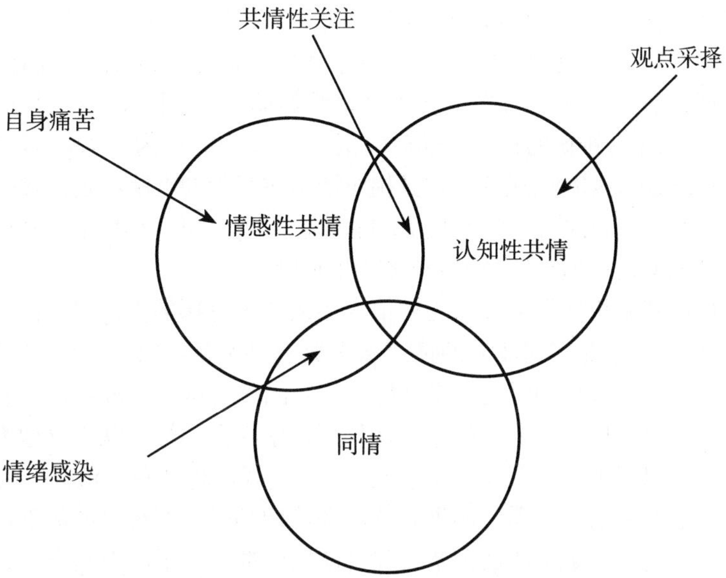

图 1-1 共情与同情、情绪感染之间的关联

二、共情的类型

1．特质性共情　特质性共情，是一种稳定的人格倾向，这种倾向使个体对情境以相对一致的方式做出反应，即特质性共情高的人倾向于在刺激条件下表现出较高的共情反应，能够总是善解人意、体谅他人或有较多的助人行为。有研究也表明，人们具有较为稳定的共情能力，临床上因为无法理解或关注他人情绪而造成人际适应困难的阿斯伯格综合征患者，其共情能力的测评分数就显著低于普通人，这也是一种特质性共情能力缺乏的表现。

2．状态性共情　状态性共情是在特定刺激条件下的个体的共情水平，是实际情境中的个体人格的显性表达。也就是说，在一些特定场合，例如当看到电视中某地发生地震，很多人受伤或死亡的画面时，大多数人都会感到难过、关心灾民的处境或者愿意采取捐款捐物等行为去帮助灾民。这是所唤起的共情反应就可以成为状态性共情。状态性共情既受到个体先天共情素质的影响，也受到环境、个人动机、兴趣、信念、归属感等多方面因素的影响。

三、共情的产生与发展

1．自动生成理论　认知神经科学家在研究镜像神经元的时候发现，人们有自动模仿他人行为的倾向，因此提出，共情性体验有一种与他人的面部表情、发音、姿势或行为同步产生的趋势[36]。依据此理论，人们认为当看到他人的痛苦表情，人们会自发产生共情性体验[34]。因此，主张共情自动生成的研究者提出一种新的知觉 - 行动模型[22]。该模型认为，当观察到他人特殊的情绪状态或行为时，观察者自身相应情绪或行为的大脑特定区域会自动地被激活，从而产生自主性的情感反应和躯体性反应，而这种自主性的反应是指不需要下意识地处理但能够被抑制或控制的过程。

目前的脑机制研究多认为共情主要依赖于直接的投射机制而不是依赖于逻辑推理[36]，即观察到他人的情绪状态会自动激活一部分处理自我情感的大脑结构，不过该过程同时还会受到社会认知因素的调节。舒尔特·鲁斯等[37]采用面孔情绪识别任务，要求受试者评价图片中面孔的情绪状态（他人任务）和看到面孔时自己的情绪反应（自我任务），发现两种任务均激活了心理理论相关的脑区如内侧前额皮质、颞顶联合区和镜像神经元系统（如额下皮层、颞上沟等）处。这一结果表明认知调节和自动模仿都参与了以上两个任务。

另一项研究[38]发现主动模仿也会产生类似的情绪，让一组受试者只是观看表情刺激，另一组受试者被要求观看的同时内心产生“靶情绪”，结果发现模仿靶情绪激活的脑区与靶情绪激活的脑区类似。这一研究从某种角度说明，主动模仿他人的情绪也会确实产生类似的体验。不过，也有学者对这项研究有疑问，认为有以下几个方面难以解释[34]：第一，激活的相似程度难以量化；第二，这两个情境都包括观看表情刺激物，则需要考虑神经反应重叠的程度。此外，一项功能性磁共振脑成像研究显示，模仿表情的神经系统和对所见表情做反应的神经系统是不同的，之间有一个分离[39]。也就是说，自动模仿过程产生的情绪并不是对他人情绪的一种理性反应，它缺乏了认知成分的参与，所以也不能完全证明共情的自动产生，或是情感性共情有自动生成的过程，但是认知性共情是需要靠社会认知因素去调节的。

2．发展理论　有研究认为，共情的产生是一个发展的过程，与一个人的经历和学习过程有关，同时还可以通过训练而习得。Alligood[40]认为，基础性共情是指在儿童和成人在成长过程中形成的，可以看成一个人的内在的能力；而习得的共情是在基础性共情上通过训练发展出的能力。

关于儿童共情能力发展的研究显示，儿童在与父母等养育人的互动中能够学会去观察他人的情绪、体谅他人。Diego 和 Jones[41]回顾了从新生儿时期开始的共情的发展。他们认为新生儿存在共情的能力，研究发现那些被抑郁母亲照料的孩子，对他人的情绪表达的反应就已经出现了偏差或者缺乏反应。因此在儿童时期的母婴互动被认为是共情发展的关键因素。母亲的心理状态对婴儿有着深远的影响，对神经突触的形成的发生和巩固有着某种影响。而那些忽视情感和处于抑郁状态的母亲所养育的婴儿不能区分他人的情绪，也难以发展出共情能力。

有研究者将 5 岁以内的儿童的共情能力发展分为五个阶段和水平[42-43]。

（1）刚出生的婴儿还未完全明了他人与自我的区别时，便能对他人产生情绪反应。

（2）两个月大的婴儿看到其他孩子啼哭也会跟着哭，仿佛感同身受，除了情绪感染外，他们也开始模仿和关注照料者，与照料者进行情感互动。

（3）九个月的婴儿开始与他人分享其对环境中客体和事件的注意，并开始能够推测和判断他人的意图。

（4）约周岁时孩子开始明白别人的痛苦是他人的，但仍会感到不知所措。他们可能会模仿别人的痛苦，如看到别人哭泣时，孩子可能会擦拭自己的眼睛，虽然他并未流泪。

（5）三岁半左右的孩子已经基本能区分他人与自己的痛苦，也能去安慰他人。这时候的儿童在玩游戏的时候，已经开始能够学习妈妈照顾小宝宝的行为，表现出关怀和照料他人的意愿。

从以上不同阶段的发展来看，个人共情的各个成分的形成和发展过程并不是同步的。自身体验到的痛苦是更先天和较早形成的成分，而共情性关注和观点采择通常在婴儿开始有自我概念，能区分自己与环境、自己与他人之后才开始发展出来。

四、共情的心理行为过程

在共情发生的过程中，尤其是当共情作为一个主动的有意识的过程时，研究者们认为会经历不同的发展阶段，而在此过程中，人们甚至可以感受到自己的心理变化过程。

1．认知 - 反应模型　在 Stein[44] 的理论基础上，Davis[45] 提出共情的过程分为三个阶段：

第一阶段：将自己放到他人的位置上，通过对方的表情和其他信息，我们尽力了解这个人的情绪和心理状态。当一位朋友对我们描述他的失恋经历的时候，我们会暂时忘却自己的身份，与那人一起回忆那些追求、等待的情景，并且尽力体会朋友的失望、伤心甚至是愤怒的感受，这一过程便是共情的最初阶段。

第二阶段：确认另一个人情绪状态的过程，在某种程度上与个人的经验相平行。当我们体会到朋友描述失恋时的此时此刻的心情时，我们也开始描述这种情绪，例如会对朋友说："这样真是太让人生气了！""真是很伤心的感觉。""你肯定很难过吧。"而这样准确地表述情感的过程，可以让对方感受到我们真实地了解了自己。不过，Stein[44]强调，被共情的体验其实并不是体验者本人的，而是被体验者的感受。也就是说，只有当我们确认的情绪是被体验者的，才是共情过程。如果朋友正在伤心，而我们却说"太气人了，他这样对你！"这时候，我们只是表达了对朋友的关心，而并不是共情。

第三阶段：那种密切的感觉停止，又回到各自的状态。伴着共情所唤起的亲密感觉，两人肩并肩地站在一起。在这一阶段，当分享完失恋的情感后，我们又回到各自的角色，恢复到朋友之间的关系，虽然不再去一同感受对方的情绪，但是又能感觉到刚才那种共享情感的过程，彼此的关系亲密，而彼此独立。这样是一个完整的共情的过程，简单地说，也就是一个人从思想的自我中走出来，与他人的思想和情感进行短暂的融合，然后又分离，回到自我的思想当中。

由于不是每个人都能顺利完成整个共情过程，因此，这三个过程也也相当于共情的三个水平。只完成第一阶段的共情可以说只是一种初级共情，而能够完成三个阶段的共情才是高水平的共情。

2．认知 - 情绪调节模型　也有的研究者认为，共情产生是以认知能力的发展为基础和前提的。Feshbach[46]认为认知性共情作为一种认知能力，既能够识别他人的情感性线索，也是一种区别自我和他人的成熟的认知技术。在此基础上，Feshbach 提出了共情的认知模型及共情的三个过程：在过程一中，个人运用认知能力去辨别他人的情感性线索；在过程二中，运用更成熟的认知技术对另一个人的观点和角色进行区别；在过程三中，产生情绪的反应。

近年来，一些脑机制的研究部分解释了认知对共情唤起的影响作用。在一项功能性磁共振造影（fMRI）研究中[47]，让受试者看到一些人的手或脚处于疼痛或者受伤的情境中，然后让受试者去想象他们自己在同样情况下的感受或者想象另一个人的感受。此后受试者根据不同的角度来评价感知到的疼痛水平，结果发现，从自我角度进行想象的受试者的疼痛评分显著高于从其他角度想象的评分，而且从自我角度进行想象所激活的脑区与疼痛真实体验者的脑区激活部位是一致的。这一结果表明，从自我角度想象显示出观点采择对疼痛的共情的激活作用。

韩世辉等[48]的研究显示，当人们观看真实的受伤图片时大脑中与共情相关的前扣带回皮层（ACC）要比看卡通图片时更活跃。而且当受试者将感受疼痛的注意力转移到去数图片中手指个数的时候，与疼痛相联系的神经活动开始降低。也有研究显示[49]，当人们只是想象他人可能是什么情绪时，唤起较多的是关注性情绪，例如关心、亲近、感动等；而当想象自己就是他人的时候，唤起较多的是自身痛苦，如焦虑、警觉、烦躁等。这些研究都显示，人们的认知活动，如检验真实性、转移注意、自我卷入等过程，都能够调节人们的共情性情绪。

3．行为模型 Barrett-Lennard[50]从沟通行为的角度将共情分为四个阶段。

第一阶段：共情性共鸣。共情者理解和承认被共情者的情感。在这一阶段，共情者已经产生了共情性的情感，可能是共情性关注或者痛苦的感受，而且共情者也能理解这是一种共情性的情感。

第二阶段：明确的共情。共情者表明自己对对方的理解。这一阶段，共情者用语言或者非语言的形式表明自己已经理解被共情者的情感。语言的表达可能有："你看起来很生气"、"我想你有些失望"、"如果是我，我也会很痛苦"等。非语言的表达可能有：与被共情者相似的面部表情，如表现出类似的悲哀、不满；或者目光接触表示正在尽量体会对方的情绪；也可能用身体前倾、拥抱等行为表达自己的关注。

第三阶段：接受共情。被共情者接受并明白自己被倾听和理解。当被共情者感受到自己的情感或处境被人理解或接纳时，也会表现出接受共情的情形，如身体表现得更舒适和放松，更加深入地表达自己的情绪和想法等。

第四阶段：反馈和新的表达与共鸣。当双方都能够体会到情感的共享，彼此认同的时候，彼此会对于共情者的情绪、想法、态度等方面进行不断的互动，并且可能产生新的共鸣。这时候，双方都能感受到彼此的接纳，甚至对共情者的遭遇产生新的感受。而这些感受可能有助于被共情者有效地处理自己的情绪、应对困难的处境。

4．知觉 - 情感模型 Farrow[51]认为共情包含着以下的心理过程。

（1）注意到社会相关的刺激：包括对面部（表情）和身体（姿势、运动）的知觉。对社会相关刺激的知觉主要位于颞叶。面孔知觉主要与纺锤体和后上颞沟有关。运用两难困境作为启动物，识别出有关深思熟虑后的共情的脑区为中前回、后腹带回及双侧角回。

（2）心理理论：指对自己和他人的独立心理状态进行归因，以解释和预测他人的行为。通过动画小故事的范式测量心理理论，通过故事理解要求受试者考虑主人公的想法和情感，以此来定位复杂心理理论的脑区，结果发现左额叶与心理理论有关。通过正电子发射型计算机断层显像（PET）发现相对于那些不需要考虑故事主人公心理状态的故事而言，阅读含心理状态故事时，左中额叶皮层（Brodmann 8 区和 9 区）有显著激活。

（3）自我觉察或能够自我反射的能力：指理解自我情绪并且能将情绪投射到他人，主要涉及人的社会接触的能力。

（4）镜像神经元的激活：大脑感觉运动皮层脑电图（EEG）的 mu 波（8 ~ 13 Hz）的振动被认为反映了镜像神经元的活动。镜像神经元的激活是共情过程中模仿他人情绪和激发自我相关体验的神经基础。

（5）情绪处理和情绪和情感的直觉：共情性情绪可以是一种自动的无意识的、不需要经过深思熟虑的反应，也可以是意识到的体验，并且可能激活相应的情绪处理过程。中、前额皮质与一般情绪处理过程有关，前扣带回皮层与想象和情绪任务有关。因此，共情是一种高级而复杂的心理过程与功能。

五、共情的影响因素

1．遗传　Davis[21] 选取双胞胎作为受试者，对共情性关注（EC）、自身痛苦（PD）和观点采择（PT）这三个因素进行了基因方面的考察。结果发现，同卵双胞胎的共情性关注和个人痛苦的相关性要显著高于异卵双胞胎，但观点采择的差异并不显著。此外，自身痛苦因子（PD）还与神经质的人格有显著的相关[10]。由于共情性关注和自身痛苦都是共情的情感性成分，这些遗传研究的结果表明，情感性共情可能是一种较为稳定的、与遗传有关的个性特质，而诸如观点采择这样的共情性认知成分，则可能是与社会认知水平有关，更像是一种社会化风格。

2．性别　现有的研究表明，女性在情感性共情方面高于男性[24]。不过 Schulte-Rüther 等[52] 的研究表明，女性只是在自身痛苦（PD）这一因子上高于男性，而共情性关注（EC）则与男性无差别。Hojat[53] 运用杰弗逊共情量表（JSPE）考察医生的性别差异，发现女医生的共情评分高于男医生。Bylund[54] 对 100 个内科患者的就诊录像带进行分析，结果发现女患者表现的情绪强度要大于男性患者，但在识别自己的情绪方面并没有性别差异；在录像中呈现的医生的交流行为也有性别差异，表现为女医生对患者表现出的共情强度要高于男医生。

Schulte-Rüther[52] 对共情性情绪的脑机制研究显示，当执行想象自我的认知任务时（即想象自己就是他人），女性右下额叶和颞上沟的激活程度要高于男性；而男性左颞顶联合区的神经活性相对增强。在想象他人的认知任务时（即只是想象他人的情绪），女性表现出右下额叶的激活，而男性没有改变。由于左颞顶联合区被认为是调节自我 - 他人之间差别的大脑区域，因此，男性在此区域的激活更强的现象，提示男性更倾向于能够区分自我与他人，而女性更倾向于唤起情绪。

这些研究从脑机制的角度说明，女性在情感性共情方面占有优势，而男性在认知性共情方面较有优势。

3．年龄　目前普遍的观点是儿童的共情能力是随着年龄的增长而不断上升的，其原因在于认知水平的不断增长。Hoffman[55] 曾对“共情性关注”的发展提出假设。他认为在早期的发展过程中，儿童不能够区分自我和他人。这样，当看到另一个人痛苦时，儿童会认为是自己的痛苦。随着时间的发展，这种“共情式的痛苦”会被“共情性关注”所替代，也就是说，儿童能够开始理解那种痛苦是他人的，自己产生的只是一种对他人处境的同情感。而这种共情性关注的能力是随着儿童的很重要的认知能力的发展而产生的。这种认知能力就是角色转换的能力，也就是一种能够理解他人的观点的能力。当儿童开始能够理解他人的观点、意图和情感的时候，其共情能力才真正发展了起来，包括认知性和情感性共情。

4．专业背景　我们能够深刻地理解他人情绪和处境的能力或许也能通过教育而不断提升。Hojat[53] 研究发现，精神科医生的共情能力要高于其他科室医生，而且那些主张以患者为中心的医生通常会比那些强调以技术为中心的医生具有更高的共情能力。Sherrard[56] 采用质性研究和人际反应指数（IRI）量表比较心理学实习生和医学生之间的共情能力，发现心理学学生的共情得分高于医学生。

这些研究显示，心理学、精神科专业的学生或者医生的共情能力会高于其他专业的人员，其原因可能在于这些学科强调关注研究对象或受助者的情感和想法，而且会有相应的课程和训练。

5．情境因素和情绪刺激强度　Batson[19] 认为不同情境和情绪刺激强度也会对情感性共情产生影响，例如遇见他人严重的躯体伤害事件时，大多数人感受到的是个人的痛苦体验；而当遇到他人一般性的心理不适（如孤独）时，多数人能够感到的是关注性的共情性情绪。此外，Batson 提出，当我们对他人的处境不熟悉的时候，可以想象自己处在那个环境时的感受，可能会比较容易体会他人的感受，这时候，想象自己就是他人这样的思维方式就是进入到共情状态的敲门石。

6．人际距离　人际距离也是影响情感性共情的一个因素。Singer[27] 研究发现，当受助者是陌生人或熟悉的人时，共情性情绪反应是不同的；当受助者是喜欢的人或不喜欢的人时，共情性情绪反应也不一样。Fisztimons[57] 的研究表明，在助人行为启动的时候，朋友关系要比同事关系更容易启动随后的助人行为。

Maner[58] 认为，引发共情性关注的人际因素通常是那些相似的、能使人们感受到一体性的人际关系，如血缘关系 [59]、亲属关系 [60]、共有认同的群体等 [61-62]。

第三节　共情的研究方法

一、共情唤起的刺激范式

在共情测量过程中，唤起共情性情绪反应的刺激范式主要有两种：故事情境刺激和情绪图片刺激。

故事情境刺激范式常用于考察共情反应与助人行为的关系。Sibicky[63] 通过设置一个看似真实的受困情境来考察共情性关注、帮助行为效能评价等因素与助人行为的关系。在这个实验中受试者会被要求观察隔壁房间中的一个正在努力完成一项艰难任务的大学生，而受试者能够通过给对方提示而帮助其完成任务。研究者会设置了高共情情境和低共情情境来考察受试者的助人行为。在这项研究中，受试者会认为是在观察一个真实的情景，如果受试者对真实性产生了质疑，那么将不能参加这样的研究。Batson[64] 运用模拟真实情境的实验方法进行共情的唤起，诸如邀请受试者听一段模拟的录音，并设法让受试者相信真的有一位记者通过无线电广播正在访谈一个有痛苦经历的女性。研究者通过让受试者保持不同的观点采择方式来考察其共情性关注的唤起程度，并且进而考察受试者的助人行为。研究结果显示，那些尽力想象他人感受的受试者只表现出较高的共情性关注，而想象自我处于他人情境的受试者会同时表现出较高的共情性关注和自身痛苦。不过，这些研究有时无法避免受试者可能会猜出实验意图而影响其研究结果。

情绪图片刺激范式常见于共情脑机制的相关研究。图片类型一般涉及两种情境，分别是负性情绪情境和疼痛情境。Schulte-Rüther[52] 利用一组模糊了性别的表情图片来测查男性和女性的共情差异。其方法是以愤怒和恐惧情绪的面部表情作为刺激材料，受试者在观看情绪图片的时候或是聚焦于自己的感受（自我 - 任务），或是判断他人的情绪状态（他人 - 任务）。韩世辉等[48]利用手指受伤的真实性图片和卡通图片来考察受试者的疼痛共情的发生状况。虽然这些研究发现了情绪与脑区激活的对应关系，但是，也有学者提出质疑，认为这些观察和评估静态的面部表情图片的研究，无法聚焦于共情，而可能只是考察了个体对危险的觉察、对厌恶环境的反应、下意识觉察、内在奖赏或者注意调节[27,38,65]。

由于单纯使用故事情境和情绪图片都存在一定的局限性，有些研究则倾向于将两者结合起来。Lamm[35]模拟了一种医疗情境，假设患者接受一种能带来痛苦的治疗方式，并邀请一些演员扮演患者拍摄一些接受治疗时的痛苦表情图片，并给予指导语。一部分受试者被要求想象那位患者的感受，一部分受试者被要求想象如果自己是那位患者会有怎样的感受，以此来评价不同的共情唤起情况与脑区激活的关系等。

二、共情的评估与测量

共情反应的评估主要包括自评和他评两种方式。

自评方式分为特质性和状态性共情的测量。特质性自评主要是通过自评量表的形式，应用比较广泛的主要有情感性共情测量问卷、人际反应指数及共情商数量表等。状态性共情是指经过共情唤起后，考察当时的共情反应。常用的状态性共情的测量方式有用情绪词评价共情性情绪反应或者用图片刺激方式激发共情反应并测量其反应的程度。

他评方式主要通过观察或记录受试者的表情、行为、帮助意愿、情绪推测准确性等方面来完成。他评测量的角度也是多样化的，如共情准确性、共情行为及意愿等。测量共情准确性的主要方法是考察受试者对面部表情的识别或者对靶人物的感受的推测的准确性。共情行为的测量方式也很丰富，大多数是通过助人意愿、语言安慰和非语言行为来推测其共情行为，如志愿助人的时间、捐助行为等。

三、共情的干预研究

（一）共情干预研究的主要对象

共情的干预研究对象主要集中于共情缺陷人群、儿童以及大学生、医学生、职业助人者等人的共情能力。

共情缺陷的研究对象主要是孤独症患者和反社会型人格障碍患者[66]。这些患者由于缺乏理解他人和感受他人情感的能力而被认为有共情方面的缺陷。而职业助人者则主要指心理治疗师、医生与护士等群体。这类职业的特点是：它是一种帮助性的职业，是有报酬的、非志愿者形式的、有可预知的危险，以及对于帮助者和被助者来说都有潜在的利益[67-68]。这类职业人群需要经常面对他人躯体或心理上的巨大痛苦，并且要运用理性的认知能力解决各种复杂任务的情形。

针对职业助人人群的研究对象主要集中于医务人员、心理咨询师等职业的人群。研究关注点一方面是职业人群共情与利他行为的关系；另一方面是职业人群共情与自身健康状况的关系。共情被认为是心理治疗和医疗照顾者有效帮助他人的核心内容[69-70]。如有研究显示[71]，肿瘤科医生会根据患者表达负面情绪的强度来表达相应的共情性关注；而医护人员表达共情越多，患者感受到的痛苦情绪越少[72]。不过也有研究发现医护人员的共情行为发生率较低。还有研究发现[73]，在肿瘤患者的初诊过程中，对于孩子提供的共情机会，医学实习生和主治医生错过了总共 160 个机会中的 70%。究其原因，很多研究者认为，共情过程中助人者可能会受到负面的影响。虽然有研究者[74]认为共情者的共情体验只是暂时的，而这并不会对自我造成威胁或产生危险。而有些研究者支持与患者保持距离的观点，因为很多健康照顾者会担心无法承受患者的痛苦情绪[75]。此外，也有研究显示[76-77]，医护人员的共情与情感的倦怠有密切的关系。

（二）共情训练

1．儿童、青少年的共情训练　针对儿童共情训练的模式有多种。Ochiltree[78] 比较了 Carkhuff 模型（情境演练、分享沟通、实际训练）和认知性自我教导模式（Carkhuff 模型的方式结合行为训练）在训练共情中的作用，发现认知性自我教导模式的效果略好一些。

Feshbach[79-80] 根据共情三成分模型，设计了“共情训练程序”，结果证明，相对于控制组，训练组学生的合作、帮助和宽容等亲社会行为在训练后得到了增加，自我概念得到了改善。还有研究者[81]以大学生为受试者进行 4 周的共情训练，结果显示训练组在与他人讨论问题的时候有更多恰当的情绪反应和情绪识别，训练效果可持续到 13 ～ 27 个月以后。

2．医护人员等职业人群的共情训练　Ancel[82] 研究发现，通过沟通技巧的训练能够增强护士的共情性交流技巧，而有些研究则显示共情性训练仅对低年级的护理学生才有效[83]，还有研究显示[84]，虽然经过了共情性训练，但是护理学生的共情水平没有显著的变化。

在医学生的共情培养中，研究者发现一些非传统方式，如文学课程[85]和看电影[86]等方式有利于提高医学生的共情。Shapiro等[86]采用质性研究和量性研究的方式对进行文学选修课教育的一年级医学新生进行研究发现，通过与医疗有关的诗和散文的学习，学生更能理解患者的观点，而且对人文学科在医学教育中的价值更加认可。还有的研究显示[87]，观点写作（point-of-view writing）的方式有利于提高医学生的共情和对情绪表达的判断力和洞察力。Roter[88]发现，经过8小时的沟通技巧的训练课程，医生的共情行为增加了，表现为增加了询问并再次确认患者的理解程度以及治疗期望的次数，增加了陪同患者进行医疗参观以及回答对患者关注的所有问题等行为。

关于共情的训练研究，主要方法在于通过认知性的调节和行为训练，帮助个体采用观点采择的认知方式、掌握识别情绪的技巧以及觉察自我和他人的情绪反应，并且学习表达共情行为。不过，有结果显示共情训练的有效性，但是也有研究显示共情训练的效果不甚明显[84]。因此，也有研究者认为，由于一个人的共情能力存在特质性原因，对于不同的情感性共情类型来说，共情训练的效果可能是不一样的，例如，有研究发现只在特质水平较高的共情者中，产生较高的共情唤起的时候，才伴随较多的帮助行为[89]。尤其是情感性共情，被认为有很强的遗传倾向而很难被改变，而如果不考虑其个体的情感性共情的特质因素，则难以准确评价共情训练的效果。

Lamm[35]的实验研究发现，从自我角度（即假设自己就是那位疼痛者）进行共情时会导致个体的痛苦性体验，而从他人角度（即尽力体会他人的疼痛）进行共情时会引发更多的共情性关注，由此提出健康照顾者在帮助他人时可能由于共情的角度不当而造成自身过多的痛苦体验。而此类研究对于解释医患沟通中的亲密与距离也有很多启示作用。

知识链接：研究范式对研究结果的影响——以疼痛共情研究为例

熟悉心理学研究的读者恐怕都知道，对于一个特定的心理学变量，这个变量的操作定义和在具体研究中使用的研究范式对于研究结果都有巨大的影响。操作定义上的差异和使用范式上的不同很可能会导致大相径庭的结果。而另一方面，这些不同和差异也可能为我们理解特定的心理学变量的机制带来独特的启发。本章一开始就尝试对共情的操作定义做了整理，而在这个专栏中将讨论一下研究范式的重要性。

以疼痛共情的研究为例，研究者常用的研究范式有两个，其一是基于图片（picture-based）的研究范式；其二是基于线索（cue-based）的研究范式（Lamm，Decety & Singer，2011）。在第一种范式中，引发共情反应的刺激通常是照片，研究参与者的任务则是观看这些照片并做出研究者要求的反应。这些照片会呈现出他人正处于（或将要处于）某种疼痛的状态，例如受伤的肢体，或者某个锐器正接触到身体的某个部位。在第二种范式中，研究参与者会亲眼看到他们的共情对象。研究者会使用一些抽象的符号（即疼痛线索）来提示，共情对象或者研究参与者将会受到能够引发疼痛的电击刺激。

这两种不同的范式对于研究共情反应而言有哪些区别？我们如何可以通过分析这两种范式所得出的研究结果来更好地理解共情反应的结构和机制呢？Lamm 和其同事在他们的 meta 分析研究中就将这一范式上的区别作为了分析的重点之一。他们认为，第一种范式更可能涉及和共情有关的、自下而上的感觉 - 运动过程，尤其是无需意识参与的，自动化的运动模仿过程；而第二种范式则需要个体使用更多自上而下的认知机制。

通过对于 9 个 fMRI 研究结果所进行的基于图像（image-based）的 meta 分析（其中 4 个研究使用图片范式，5 个研究使用线索范式），他们发现，若分析任务为共情他人疼痛时的大脑激活状态（控制条件为他人未体验疼痛），使用图片范式的研究相比使用线索范式的研究发现以下脑区有更高水平的激活：双侧上顶叶皮质（IPC）、双侧额下回（IFG）、背内侧前额皮质（DMPC）、双侧背侧部前额皮质以及右侧前脑岛皮层（AI）；使用线索所范式的研究相比使用图片范式的研究则发现以下脑区有更高水平的激活：双侧颞叶中部皮层和双侧颞叶上部皮层，以及包括楔前叶、背后侧扣带回皮层、中前部顶叶皮层在内的后内侧皮质区域。

基于上述的分析，研究者得出的结论是，除了激活某种共同的共情网络之外，两种范式的确会激活特异性的神经网络。而且和他们原先的假设一致的是，基于图片范式激活了参与动作观察和动作理解的脑区——顶下小叶和额下回皮质，这可能意味着个体在观看预示他人疼痛的刺激时，为了做出共情反应，需要去理解他人所处的情境以及这种情境意味着何种情绪层面的后果，也意味着个体在使用某种运动模拟的机制。另一方面，基于线索的范式更多激活了被认为和心理理论或心智化有关的脑区，这些脑区的主要功能是对社会信息做出推断。

（官锐园）

参考文献

[1] Duan C M, Hill C E. The current state of empathy research [J]. J Couns Psychol, 1996, 43 (3): 261-274.

[2] Rogers C. The necessary and sufficient conditions of therapeutic personality change[J]. Journal of Consulting Psychology，1957，21：95-103.

[3] Rogers C. A Way of Being [M]. Boston：Houghton Mifflin，1980.

[4] Zderad L. Empathic nursing [J]. Nursing Clinics of North America，1969，4：655-662.

[5] Kalisch　B J. What is empathy? [J]. American Journal of Nursing，1973，73：1548-1552.

[6] Hoffman M L. Is altruism part of human nature? [J].Journal of Personality and Social Psychology，1981，40：121-137.

[7] 傅红琼．移情在护患沟通中的应用 [J]. 现代护理，2007，13（16）：15-17.

[8] 李惠玲．运用“移情”润滑护患链初探 [J]. 实用护理杂志，1997，13（10）：552-553.

[9] 于鲁文．共情在心理咨询中的作用 [J]. 健康心理学杂志，2003，11（4）：272-274.

[10] Baron-Cohen S，Wheelwright S. The empathy quotient：an investigation of adults with Asperger syndrome or high functioning autism，and normal sex differences [J]. Journal of Autism and Developmental Disorders，2004，34（2）：163-175.

[11] Hatfield E，Cacioppo J T，Rapson R L. “Emotional contagion. Current Directions” [J]. Psychological Science，1993，2：96-99.

[12] Schoenewolf G. Emotional contagion：Behavioral induction in individuals and groups [J]. Modern Psychoanalysis，1990，15，49-61.

[13] Kelly J R，Barsade S G. Mood and Emotions in Small Groups and Work Teams [J]. Organizational Behavior and Human Decision Processes，2001，86（1）：99-130.

[14] 官锐园．情感性共情的分型及其特征研究 [D]. 北京：北京大学，2010.

[15] Eisenberg N，Miller P A. The relation of empathy to Prosocial and related behaviors [J].

Psychological Bulletin，1987，10（1）：91-119.

[16] 陈翊.通过共情训练改善大学生人际关系研究 [D]. 南京：南京师范大学，2008.

[17] 王芳，陈福国.主观幸福感的影响因素 [J]. 中国行为医学科学，2005，14（6）：575-576.

[18] 谭恩达，邹颖敏，何家俊，等.共情与主观幸福感：情绪调节的中介作用 [J]. 中国临床心理学杂志，2011，9（15）：672-674.

[19] Batson C D. The altruism question：Toward a social-psychological answer[M]. Hillsdale，NJ：Lawrence Erlbaum，1991.

[20] Gladstein G A. Understanding empathy：Integrating counseling，developmental，and social psychology perspectives [J]. J Couns Psychol，1983，30：467-482.

[21] Davis M H. Empathy[M]. Madison，WI：Brownand Benchmark，1994.

[22] Preston S D，De Waal F B. Empathy：Its ultimate and proximate bases[J]. Behav Brain Sci，2002，25（1）：1-20，discussion 20-71.

[23] Decety J，Jackson P L. A Social-neuroscience perspective on empathy[J].Current Directions in Psychological Science，2006，15（2）：54-58.

[24] Hein G，Singer T. I feel how you feel but not always：the empathic brain and its modulation [J]. Current Opinion in Neurobiology，2008，18：153-158.

[25] Premack D，Woodruff G. Chimpanzee problem-solving：A test for comprehension [J]. Science，1978，3，202（4367）：532-535.

[26] Dekosky S T，Heilman K M，Bowers D，et al. Recognition and discrimination of emotional faces and pictures [J]. Brain and Language，1980，9（2）：206-214.

[27] Singer T. The neuronal basis and ontogeny of empathy and mind reading：Review of literature and implications for future research [J]. Neuroscience and Bio behavioral Reviews，2006，30：855-863.

[28] Grattan L M，Eslinger P J. Higher cognition and social behavior：cognitive flexibility and empathy after brain injury[J]. Neuropsychology，1989，3：175-185.

[29] Carlozzi A，Bull K，Stein L，et al. Empathy theory and practice：A survey of psychologists and counselors [J]. The Journal of Psychology，2002，136（2）：161-170.

[30] Stotland，E. Exploratory investigations of empathy[M].// Berkowitz L（Ed.）. Advances in experimental social psychology. New York：Academic Press，1969，4：271-313.

[31] Larsen J T，Mcgraw A P，Cacioppo J T. Can people feel happy and sad at the same time? [J]. Journal of Personality and Social Psychology，2001，81（4）：684-696.

[32] Fultz J，Schaller M，Cialdini R B. Empathy，sadness，and distress：Three related but

distinct vicarious affective responses to another' s suffering[J]. Personality and Social Psychology Bulletin, 1988, 14: 312-325.

[33] Morse J M, Anderson G, Bottorff J L, et al. Exploring empathy: A conceptual fit for nursing practice[J]. Image, 1992, 24: 273-280.

[34] Blair R J. Responding to the emotions of others: Dissociating forms of empathy through the study of typical and psychiatric populations [J]. Consciousness and Cognition, 2005, 14: 698-718.

[35] Lamm C, Batson C D, Decety J. The neural substrate of human empathy: Effects of perspective-taking and cognitive appraisal [J]. Journal of Cognitive Neuroscience, 2007, 19 (1): 42-58.

[36] Hatfield E, Cacioppo J T, Rapson R. Emotional contagion [J]. New York: Cambridge University Press, 1994.

[37] Schulte-Rüther M, Markowitsch H J, Fink G R, et al. Mirror neuron and theory of mind mechanisms involved in face-to-face interactions: A functional magnetic resonance imaging approach to empathy [J]. Journal of Cognitive Neuroscience, 2007, 19: 1354-1372.

[38] Carr L, Iacoboni M, Dubeau M C, et al. Neural mechanisms of empathy in humans: A relay from neural systems for imitation to limbic areas [J]. Proceedings of National Academy of Sciences, 2003, 100: 5497-5502.

[39] Leslie K R, Johnson-Frey S H, Grafton S T. Functional imaging of face and hand imitation: Towards a motor theory of empathy[J]. Neuroimage, 2004, 21: 601-607.

[40] Alligood M. Empathy, the importance of recognizing two types[J]. Journal of Psychosocial Nursing, 1992, 30: 14-17.

[41] Diego M A, Jones N A. Neonatal antecedents for empathy[M].// Farrow T, Woodruff P. Empathy in mental illness. Cambridge: Cambridge university Press, 2007.

[42] Goleman D. Emotional intelligence[M]. New York: Bantam Dell Pub Group, 1997.

[43] Rochat P. Various kinds of empathy as revealed by the developing child, not the monkey' s brain[J]. Behavioral & Brain Science, 2001, 25 (1): 45-46.

[44] Stein E. On the Problem of Empathy[M]. Washington: ICS Publications, 1916/1989.

[45] Davis C M. What is empathy. And can it be thought? [J]. Physical Therapy, 1990, 70: 707-711.

[46] Feshbach N D. Studies of empathic behavior in children[M]. // Maher B A. (Ed.). Progress in experimental personality research. New York: Academic Press, 1978.

[47] Feshbach ND. Parental empathy and child adjustment/mal adjustment[M].//EISENBERG N,

STRAYER J.（EDS.）.Empathy and its development. New York：Cambridge University Press，1987.

[48] Jackson P L，Brunet E，Meltzoff A N，et al. Empathy examined through the neural mechanisms involved in imagining how I feel versus how you feel pain：An event-related fMRI study [J]. Neuropsychologia，2006，44：752-761.

[49] Gu X，Han S. Neural substrates underlying evaluation of pain in actions depicted in words[J]. Behavioural Brain Research，2007，181：218-223.

[50] Schoenrade P. Emotional and motivational distinctions between imagining oneself and imagining another in a need situation[D]. Lawrence：University of Kansas，1981.

[51] Barrett-Lennard G. The phases and focus of empathy[J]. British Journal of Medical Psychology，1993，66：3-14.

[52] Farrow T，Woodruff P. Empathy in mental illness[M]. Cambridge：Cambridge university Press.2007.

[53] Schulte-Rüther M，Markowitsch H J，Shah N J，et al. Gender differences in brain networks supporting empathy[J]. Neuro Image，2008，42（1）：393-403.

[54] Hojat M，Gonnella J S，Nasca T J，et al. Physician empathy：Definition，components，measurement，and relationship to gender and specialty [J]. American Journal of Psychiatry，2002，159：1563-1569.

[55] Bylund C. Empathic communication in the physician-patient encounter[D]. Evanston（IL）：Northwestern University.2001.

[56] Hoffman S A M. Empathic distress in the newborn [J]. Developmental Psychology，1976，12：175-176.

[57] Sherrard S. Empathy in psychology interns and medical residents：An investigation of the cognitive and emotional components of empathy[D]. Newberg：George Fox University，2007.

[58] Fitzsimons GM，Bargh J A. Thinking of you：Nonconscious Pursuit of interpersonal goals associated with relationship partners[J]. Journal of Personality and Social Psychology，2003，84：148-164.

[59] Maner J K，Luce C L，Neuberg S L，et al. The Effects of Perspective Taking on Motivations for Helping：Still No Evidence for Altruism [J]. Personality and Social Psychology Bulletin，2002，28（11）：1601-1610.

[60] Hamilton W D. The genetic evolution of social behavior [J]. Journal of Theoretical Biology，1964，7：1-52.

[61] Aron A，Aron E N，Smollan D. Inclusion of Other in the Self scale and the structure of interpersonal closeness [J]. Journal of Personality and Social Psychology，1992，63：596-612.

[62] Smith E R，Coats S，Walling D. Overlapping mental representations of self，in-group，and partner：Further response time evidence and a connectionist model [J]. Personality and Social Psychology Bulletin，1999，25：873-882.

[63] Tajfel H，Turner J C. The social identity theory of inter-group behavior[M].//WORCHEL S，AUSTIN W G.（Eds.）. Psychology of intergroup relations. Chicago：Nelson-Hall，1986，7-24.

[64] Sibicky M E，Schroeder D A，Dovidio J F. Empathy and helping：Considering the consequences of intervention [J]. Basic and Applied Social Psychology，1995，76（4）：435-453.

[65] Batson C D，Sager K，Garst E，et al. Is empathy-induced helping due to self-other merging? [J]. Journal of Personality & Social Psychology，1997，73：495-509.

[66] Decety J，Chaminade T. Neural correlates of feeling sympathy[J]. Neuropsychologia，2003，41：127-138.

[67] Smith T W. Altruism and Empathy in America：Trends and Correlates[J]. Chicago：National Opinion Research Center，University of Chicago，2006.

[68] Batson C D. A scientific explanation of why we help one another[M]. Lawrence，KS：University Press，1993.

[69] Omoto A M，Snyder M. Sustained helping without obligation：Motivation，longevity of service，and perceived attitude change among AIDS volunteers[J]. Journal of Personality and Social Psychology，1995，68：671-686.

[70] Hope-Stone L D，Mills B J. Developing empathy to improve patient care：a pilot study of cancer nurses[J]. Int J Palliat Nurs，2001，7（3）：146-150.

[71] Kalisch B J. An experiment in the development of empathy in nursing students[J]. Nurs Res，1971，20（3）：202-211.

[72] Kennifer S L，Alexander S C，Pollak K I，et al. Negative emotions in cancer care：Do oncologists' responses depend on severity and type of emotion? [J]. Patient Education and Counseling，2009，76（1）：51-56.

[73] Olson J K，Hanchett E. Nurse-expressed empathy，patient outcomes，and development of a middle-range theory[J]. Image J Nurs Sch，1997，29（1）：71-76.

[74] Easter D，Beach W. Competent patient care is dependent upon attending to empathic

opportunities presented during interview sessions[J]. Current Surgery，2004，61（3）：313-321.

[75] Määttä S M. Closeness and distance in the nurse-patient relation. The relevance of Edith Stein’s concept of empathy[J]. Nursing Philosophy，2006，7：3-10.

[76] Reynolds S，Austin W. Nursing，empathy and perception of the moral[J]. Journal of Advanced Nursing，2000，32：235-242.

[77] Baxter D E. Empathy：Its role in nursing burnout[D]. Nashville：TN Peabody College for Teachers of Vanderbilt University，1992.

[78] Vachon D O. The influence of affect intensity，dispositional empathy，and emotional separation on the relationship between perceived stress and burnout in a nursing population[D]. Chicago：Loyola University of Chicago，1993.

[79] Ochiltree J K. A cognitive self-instructional modeling approach vs. the Carkhuff model for training empathy[R].Annual Meeting of the American Educational Research Association，Washington，D.C.，1975.

[80] Feshbach N. Empathy training：A field study in affective education[M].// FESHBACH S，FRACZEK A.（Eds，）. Aggression and behavior change：Biological and social processes，New York，1979.

[81] Feshbach N，Feshbach S. Empathy training and the regulation of aggression：Potentialities and limitations [J]. Academic Psychology Bulletin，1982，4：399-413.

[82] Kremer J F，Dietzen L L. Two Approaches to Teaching Accurate empathy to Undergraduates：Teacher-Intensive and Self-Directed[J]. Journal of College Student Development，1991，32（1）：69-75.

[83] Ancel G. Developing empathy in nurses：an inservice training program[J]. Arch Psychiatr Nurs，2006，20（6）：249-257.

[84] Layton J M. The use of modeling to teach empathy to nursing students[J]. Res Nurs Health，1979，2（4）：163-176.

[85] Hodges S A. An experiment in the development of empathy in student nurses[J]. J Adv Nurs，1991，16（11）：1296-1300.

[86] Hojat M，Mangione S，Nasca T，et al. An empirical study of the decline in empathy in medical school[J]. Medical Education，2004，38（9）：934-943.

[87] Shapiro J，Rucker L. The Don Quixote effect：Why going to the movies can help develop empathy and altruism in medical students and residents[J]. Families，Systems，and Health，2004，22（4）：445-452.

[88] Shapiro J，Rucker L，Boker J，et al. Point-of-view writing：A method for increasing medical students' empathy，identification and expression of emotion，and insight [J]. Education For Health（Abingdon，England），2006，19（1）：96-105.

[89] Roter D L，Hall J A，Kern D E，et al. Improving physicians' interviewing skills and reducing patients' emotional distress-a randomized clinical trial[J]. Arch Intern Med，1995，155：1877-1884.

[90] Archer R L，Diaz-Loving R，Gollwitzer P M，et al. The role of dispositional empathy and social evaluation in the empathic mediation of helping[J]. Journal of Personality and Social Psychology，1981，40（4）：786-796.

2 共情能力的发展

个体要从自我中心状态中脱离出来必须满足两个条件：一是意识到“自我”是个主体，并对主客体进行区分；二是把自己的观点与他人的观点协调起来，而不把自己的观点看作是独一无二的。

——皮亚杰

第一节 共情能力的心理发展过程

一、儿童期共情能力的发展

（一）共情能力对于儿童社会化的重要意义

1．共情能力是儿童摆脱自我中心、区分自我与他人的前提条件一个新生儿刚刚睁开眼睛的时候，还不知道自己与世界之间的区别。在这个小婴儿的眼中，妈妈和摇篮可能都是自己的一部分，而自己的手和脚可能与玩具也没有什么区别。这是一种极致的自我中心状态。如果一个人一直无法将自己与他人的处境区分开来、也无法理解他人的处境和感受，就是处于一种自我中心状态，而这种状态中的个体是没有办法与他人交流合作、真正融入社会的。随着大脑皮层的发育，婴儿的认知能力在逐渐增长，这时候，婴儿开始发现除了自己的四肢和身体，妈妈好像不能随时待在自己身边、玩具也不能随着自己的运动而运动，有些东西还会让自己感到疼痛……这时候婴儿开始具备基本的分辨能力，而且随着年龄的增长，也能区分出哪些想法和感受是自己的，而不是他人的。这种区分自我和他人的能力是一种非常重要的认知能力，只有这种能力才能让儿童将自己与他人的想法和感受区分开，从而摆脱完全的自我中心状态，开始学习与他人的互动。

只有具备理解他人想法和感受的能力，孩子才会主动去接触广泛、复杂的世界，才会逐渐地去理解和适应不同情境下父母的行为、态度，接纳朋友的不同观点，而发展适应性的人际关系。这种能力又为儿童学习社会合作和发展彼此协调的人际关系奠定了坚实的基础。

2．共情能力是儿童建立同伴关系的重要前提　儿童在成长过程中，除了与父母、亲人之间的互动，最有价值的人际交往就是与同伴的交流。儿童从对父母的依恋转向对同伴友谊的渴望，是他们的情绪和社会化发展进入一个更高发展阶段的重要标志，而共情能力是儿童建立良好同伴关系的前提。

一般来说，那些在伙伴中不太受欢迎的小朋友常倾向于用自我的、直接的行动方式，采用专断性的策略来解决人际关系问题[1]。相比之下，那些比较受欢迎的小朋友则能够更多地考虑他人的感受，多用谦让、以对方能接受的方式（如讲道理）来解决人际冲突。可见，对于儿童来讲，共情能力已经在发挥重要的作用。随着对共情能力的研究深入，人们已经开始认识到，对于那些看起来孤僻、不愿意与同伴交往的儿童，他们可能是因为缺乏恰当的共情能力而在人际交往中频繁受挫，而并不仅仅是不愿意与他人交往。

3．共情能力是儿童发展亲社会行为、融入社会的重要基础　亲社会行为是指那些能够对他人有益、让他人感到愉快的行为，通常是指那些关心他人和帮助他人的行为，如谦让、分享、合作、慰问、捐助、帮助等行为。有的研究者认为亲社会行为不是个体的一种本能行为，不过也有现象显示，儿童会主动地去安慰看起来有些难过的小伙伴，所以这可能也是一种随着进化而遗传下来的人类本能行为。共情能力的发展使得儿童能感受到他人的痛苦，并且会自发地产生安慰他人的行为，这些行为是儿童逐渐被他人接受，进而融入人际社会的重要标志。丧失或缺失这种能力的个体，则会无法开展真正的人际交往，从而无法融入人际社会。

4．共情能力也是儿童自我情绪调控的重要手段　儿童在人际互动中容易出现的问题是交往挫折，例如长得胖被同学取外号，说话口吃被同伴取笑。这些交往挫折会使儿童产生很多负性情绪，如愤怒、恐惧、伤心等。由于这些负性情绪的出现，有些儿童表现出回避交往、不愿意上学等退缩行为，也有些儿童则会出现对同伴大打出手、破坏物品等过激行为。作为父母和家长，会常常重视这些问题行为，却经常忽视儿童的情绪问题。其实每一个问题行为的出现都可能是情绪调节不良的产物，而人际交往中出现情绪问题的孩子，也可能是共情能力欠佳的孩子。

那些共情能力较强的儿童，可能会从另一个角度来理解同伴的取笑行为，他们会想那些给自己取外号的孩子可能只是想出一下风头、让别的同学佩服，因此，就不太在意自己被取外号的事情，反而会觉得那些同学很无聊。这样的思维过程就能大大缓解自己的自卑感、挫折感，从而保持情绪的平和，避免过多消极行为的出现。在这里，共情能力能够帮助儿童了解他人的行为动机，对人际交往中的攻击、侵犯行为有更客观的评价，从而迅速调节自己的负性情绪并做出恰当的反应。所以说，共情能力能够让儿童最终克服人际交往中的困难，享受与他人交往的快乐。

（二）儿童期共情能力发展的阶段性特征

关于一个人何时开始具备共情能力，很多研究者持不同的观点。一般认为，情感性共情的产生要早于认知性共情，也就是说，对他人情绪的体验要早于对他人情绪的理解。随着儿童认知能力的逐渐发展，儿童开始有自我概念，能区分自己与环境、自己与母亲/他人。之后，才开始发展出共情性关注和观点采择的能力。

1．情感性共情能力　从情感性共情的角度来说，有研究者认为共情是人类与生俱来就表现出的能力。刚出生一天的婴儿就表现出了情感性共情的敏感度，表现为听到其他婴儿啼哭而表现出难过。因此，研究者认为人类在大脑发育早期就已经有对他人情感的感受力了[2]。有研究发现[3]，那些由抑郁母亲所喂养的孩子，对他人情绪的反应会出现偏差，或者根本缺乏反应。因此，他们也认为，共情能力在大脑发育早期就开始产生，不过其发展趋势受到养育者的影响。

根据Goleman[4]和Rochat[5]的理论可以将儿童在出生后前5年的共情发展分为5个阶段，分为自发反应阶段、初级模仿阶段、有意互动阶段、区分他人阶段和关爱行动阶段。

2．认知性共情能力　认知性共情能力通常被认为是伴随一般认知功能而发展的。通常是指观点采择的能力，即理解他人观点、感受的能力。皮亚杰认为婴儿期的个体处于极度的自我中心状态，不能意识到自己，也不能将自我与非我区分开来，直到8、9岁以后，儿童才能把自己的观点与他人的观点区分开来。但也有一些研究者认为，儿童在7岁以前就表现出了观点采择的能力。

Selman[6]研究了儿童的观点采择能力，将儿童观点采择能力的发展分为5个阶段：

（1）第一阶段（3～5岁）——自我中心的观点采择。这一阶段的儿童不能区分自己和他人的观点存在不同，他们会认为自己知道的事情别人也会知道，或者他们不知道有的想法是自己的想法，而不是别人的想法。

案例：3岁的小萌萌与妈妈捉迷藏。她站在妈妈的面前，用毛巾盖着自己的脸，然后就让妈妈找自己。这是因为3岁的小萌萌以为自己看不到妈妈，就等于妈妈也看不到自己。

（2）第二阶段——社会信息的观点采择（6～8岁）：这个阶段的儿童能够意识到别人有不同的理解和观点，并事先知道别人对事件会怎样反应。

案例：7岁的小丽回家告诉妈妈这次考试没有得100分，妈妈说："看吧，就是因为你平时不认真仔细，怎么说也不听。"小丽说："我就知道你会这么说。"这一阶段的儿童已经能够预测妈妈对一些事情的反应了。

（3）第三阶段——自我反省的观点采择（8～10岁）：这个阶段的儿童能够意识到即使接受了相同的信息，自己和他人的观点也会有所不同。他们开始考虑对方的观点，还能认识到别人也会站在自己的角度看问题。

案例：妈妈与一个卖菜的人不小心碰了一下，随口说了一句"Sorry"。8岁的小美立刻批评妈妈："你不要讲英语，人家卖菜的听不懂。"

（4）第四阶段——相互的观点采择（10～12岁）：这一阶段的儿童能从第三者、共同的朋友的角度来看待两个人的相互作用。儿童能够同时考虑自己和他人的观点，并且能够认识到别人也会这么做。

案例：10岁的小力和爸爸玩"石头、剪刀、布"的猜拳游戏。第一回两人都出了"剪刀"，在第二回中，小力猜测爸爸会出"石头"，从而自己出"布"。甚至小力会觉得爸爸也这么想，也会出"布"，因此自己在第二回中仍然出"剪刀"。这一思想过程就涵盖了猜测别人的想法、猜测别人对自己的猜测的两个过程，是一种观点采择能力的表现。

（5）第五阶段——社会和传统体系的观点采择（12～15岁）：这一阶段的青少年能够通过比较所在社会系统的观点来理解另一个人的观点（即"概括他人的观点"）。也就是说，这阶段的青少年已经能够理解有一些人的观点是在他们所处的文化和传统背景下所产生的。

案例：14岁的小勇在听爸爸讲述自己年轻时对某位名人的崇拜时会说："你们那个年代的人受到的教育太片面，连电脑都没有，只能听听广播。我觉得这个人并不伟大。"这个阶段的青少年开始站在文化和时代发展的角度来看待他人的想法和感受，虽然有时正确，但还是容易站在自己的立场上去评价，容易偏颇。

知识链接：Mossler等[7]通过测量发现60%的2岁孩子根本无法跟上观点采择的问题，有5%的3岁孩子、60%的4岁孩子和85%的5岁孩子能以非自我中心的方式回答所有问题，而所有的6岁孩子都能以非自我中心的方式回答问题。由此他得出结论：4、5岁的孩子就能进行真实的认知观点采择。

方富熹等[8]以中国寓言故事为刺激材料，通过个别询问，探查了中国4岁至7、8岁儿童的社会观点采择能力及其个性特征的发展。结果表明，在儿童早期就已经发展了一种初级、简单的观点采择能力，但要认识、掌握观点采择思维过程的连环套性质从而明白他人隐蔽的动机意图，只有在童年中期以后才逐渐发展起来。

二、青少年期共情能力的发展

青少年是从儿童到成人的过度时期，一般指10～19岁左右的年龄阶段。青少年共情能力的发展主要是指认知层面的发展，也称为观点采择的能力，主要是指区分自己与他人的观点，并能够在理解他人的基础上协调自己与他人的不同观点。随着去自我中心化的发展和同伴互动经验的增长，青少年的观点采择能力在自我中心向社会或习俗的过度中不断发展。社会观点采择能力的发展能促进个体道德认知的提高，并有利于促进道德情感和亲社会行为的形成，此外，这种共情能力也是与他人建立良好人际关系的重要前提[9]。

（一）青少年共情能力与亲社会行为

青少年已经开始有意识地与同伴交往、建立友谊。尤其是在同伴交往过程中，青少年开始彼此关心、互相帮助，即使这些关心行为或者帮助行为对自己并没有切实的好处，而这些行为也被称为亲社会行为。亲社会行为是由那些对行为者无明显利益，但对接受者有益的行为组成的[10]。

一项对青少年的研究发现[11]，在同伴交往中，青少年的共情能力能够帮助他们去体谅他人，能够使他们对他人的情绪具有敏感觉察的能力，并且富有同情心。体谅他人是指当自己的需求没有被满足的时候，或者别人答应自己的事情没有兑现的时候，能够站在对方的角度去理解别人的难处或处境，而不会只站在自己的角度一味地要求别人。情绪敏感则是指在与别人相处时，能够很快觉察对方的情绪变化，也能尽力去体会对方的感受和想法，这种敏感的觉察会让对方感到被关注、被关心和被理解。而富有同情心的表现则是当看到别人或者觉察别人有困难的时候，能够表现出关怀和关心，愿意帮助对方克服困难或脱离困境。

青少年虽然摆脱了儿童期的完全“自我中心”阶段，但是还处于自我人格的构建阶段。同时，由于青春期的到来，自我情绪管理和控制能力较差，因此还不能很好地突破“自我中心”的限制。所以，真正能做到体谅他人、对他人情绪敏感和富有同情心是非常不容易的，需要在与家长、老师和同伴交往中不断练习，才能够逐渐掌握社会化的人际交往方式。

青少年的亲社会行为不仅受到个体共情能力特质的影响，也容易受到情境的影响。比如在一些同伴助人的情境中，青少年更容易表现出亲社会行为；反之，在一些同伴拒绝助人的情境中，青少年也特别容易受到同伴的影响，而表现出冷漠、讽刺、取笑甚至捉弄等行为。这一特点表明，尽管青少年有的时候会存在恻隐之心或者助人之心，但是由于特别渴望获得同伴的认可，因此，有时会违背本意而拒绝采取有利于他人的行为。所以，我们也应该帮助青少年选择合适的同伴群体，或者从更广的层面开展青少年群体教育，甚至在社区、社会层面扩大宣传和教育，让青少年的成长环境更为温暖和积极，这样才有可能更多地激发青少年的共情性情感和亲社会行为。

（二）共情能力与积极人格发展的关联

正如很多研究所证实的，共情能力是一个人与他人建立良好关系、维护和谐人际的重要能力。由于共情能力是一种相对稳定的能力，因此，人们认为共情能力与人格应该有密切的联系。针对 18 ~ 22 岁的大学生的研究发现，共情能力与积极人格有显著的关系。人们对共情能力和各种积极人格特质的关系进行分析比较后发现，大学生的共情能力（人际关系指数量表总分）与大五人格量表（BFI）的神经性、宜人性及开放性三个维度密切相关[12-13]。研究结果表明，共情能力与部分积极人格之间存在显著的正相关关系。那些表现为善解人意、对他人容易有同情心并且表现出关心的学生，在性格上表现得更外向、更容易相处，情绪也更稳定。从这些研究中可以看出，一个人若善于体谅他人、关心他人，其实不仅是让身边的人获益，而且自己也有更多的机会体会人际和谐带来的幸福感。因此，英国剑桥大学心理学家 Baron-Cohen 教授提出“共情商数”的概念，认为一个高共情商数的人能够使个体与他人建立相互关怀、相互包容的人际环境，并且能够拥有外向开朗、情绪稳定、具有好奇心等积极的人格品质。

对于青少年来说，这个阶段正是自我人格不断完善、不断养成的过程，如果想成为一个快乐、开朗、受人欢迎的人，那么有意识地培养自己体察别人情绪、为他人着想的能力，也应该是自我成长的重要方面。

（三）共情能力与反社会行为

从个体心理社会发育阶段而言，青少年时期被心理学家霍尔称为“疾风骤雨期”，其原因在于青少年们常常情感丰富、行为冲动、自我控制力低。最常见的现象是青少年的伤人、自伤或者违反社会规范等反社会行为，因此青少年时期也是世界公认的危险年龄。一项针对工读学校学生的研究发现[14]，这些曾经有过违反社会规则行为的中学生在共情水平上显著低于普通学校的学生，而且共情水平也与亲社会行为有着显著的关联。其中，观点采择和移情关注这两个因素能够有效预测亲社会行为的数量。也就是说，那些能够更多地站在他人角度理解他人的个体和对他人更有同情心的学生，其反社会行为的发生率会较低。

之所以青少年时期会有如此多的冲突和矛盾，是因为青少年虽然身体迅速发展成熟，但是大脑的发育还未完全成熟和稳定。尤其是在人的前额部分，也就是大脑的前端，有一块与网球大小差不多的大脑区域，叫做“前额皮质”，这是主要负责注意和行为控制的部分，前额皮质与情绪稳定、注意力、自我约束等有关。若这一部分受损，则有可能表现出注意力不集中、行为失控，甚至出现暴力倾向。一个有名的案例就揭示了前额皮质的重要作用。1848 年的美国佛蒙特州有位铁路工人，叫 Phineas Gage。他本是一位工作勤奋、为人谦和的好好先生，但在 1848 年的一次事故中，被一根炸飞的铁棒穿透了头部正前方。事后 Gage 神奇地活了下来，但是他的性格却完全改变了，变得冲动、易怒、缺乏道德感，经常说脏话，工作时注意力不集中，对未来也毫无计划。由于在事故中受伤的正好是前额皮质部分，于是人们意识到 Gage 的这一系列冲动和不合理的行为都是与前额皮质相联系的。由此，人们推断，前额皮质在抑制暴力冲动上非常重要。而由于青少年，尤其是十几岁的时候，他们这一区域的神经细胞还没有发育成熟，理解他人情绪和情感的能力偏低，因此也容易曲解他人的意图，并且容易体验到较多的愤怒情绪，所以很多时候会通过攻击行为来解决问题。

在很多关于青少年暴力的事件中，人们发现，在这些青少年在施暴的时候很难感受到受害人的痛苦，这些青少年对受害者表现出的恐惧、害怕或者无助都无动于衷，这其实就是一种共情能力缺乏的现象。而抑制暴力的最佳方法就是培养青少年体恤他人痛苦的能力，因此培养共情能力对于减少青少年的反社会行为至关重要。

三、成年期共情能力的发展

（一）共情能力的发展曲线

一个人的共情能力是如何发展的呢？在什么时候是高峰或者低谷？为了解决这些问题，美国一项研究对 7500 多名成年人进行共情能力的测量，发现一个人的共情能力到中年后期才达到高峰，而这个中年后期指的是 40 岁左右。此外，他们还发现女性在这个年龄阶段的共情能力最强，也超过同年龄段男性的共情能力[15]。

在这个研究基础上，研究者们认为，人的共情能力的发展存在一个倒 U 形的曲线[15]，即青少年时候的共情能力是在逐渐上升的，在中年后期达到顶峰，此后共情能力开始下降。他们认为，出现这种发展曲线的原因可能是在中年之前随着整体认知能力在不断发展，认知性共情能力也在上升，同时在这个年龄段时已经有丰富的生活经历，这些生活经历能够促进情感性共情的产生。在这个年龄段的中年人大都已经成立家庭，有孩子，经历过人生的大部分悲欢离合，对人生的不幸与艰辛有了一些亲身体会，因此也更有可能去体会他人的情感，更容易设身处地地替他人着想。例如，那些在公交车上第一个注意到身边有孕妇并站起来给她们让座的常常会是一些中年妇女，她们因为自己曾经有过生育经历，并且能够很快体察到孕妇的不适感，从而会最先采取助人行为。

不过美国当时做的这项研究中这些共情能力最高且处于中年晚期的研究对象是在 20 世纪 50 和 60 年代出生的人群，他们经历了很多社会运动，如公民权利、反战运动等。从社会文化的角度来分析，当时这些社会运动可能促进这一年龄群体之间互相的理解和体谅，所以这些人群的共情能力高是因为个人因素还是由于代际间的差异，还需要进一步考察。在早先的研究中，他们还发现，相比以前的青少年数据，现在的青少年表现出较少的共情和更多的自恋。例如，一项对美国大学生的共情问卷的 meta 分析显示，1979—2009 年采用人际反应指数（IRI）问卷测量显示，大学生的共情性关注和观点采择有下降的趋势，而且是从 2000 年开始有明显的下降[16]。自从 21 世纪以来，电脑和网络的到来改变了青年人的人际交往模式，更多的青年人沉浸在虚拟的人际世界里，而可能忽略对现实中他人的观察和体谅，并且也减少了实践的机会。因此，社会文化和生活方式对代际间共情能力的差异可能具有重要的作用，这也有待通过研究进一步证实。

（二）夫妻之间的共情准确性

在成年人共情的研究中，关于夫妻共情的研究也逐渐引起人们的重视。人们会假设那些彼此共情能力强的夫妻应该具有更好的夫妻关系，同时也会认为成为夫妻的时间越长，彼此的共情准确性越高。

不过，在一项比较研究中，人们发现一个有趣的现象，即：当夫妻面对面相处的时候，年轻的夫妇之间更容易从表情上推断对方的情感，而且这种共情准确性要高于老年夫妇；但是当对方不在场，通过非表情因素去推断情感的时候，年轻夫妻和年老夫妻的共情准确性没有差别[17]。

（三）共情与成年人职业成就、情绪管理能力的关系

关于成年人的共情研究，人们更倾向于与职业生涯、社会生活密切结合。在职业成就方面的研究中，人们发现那些共情水平高的医生或者护士产生职业倦怠的可能性更低，同时职业满意度也较高。从这个角度，证实了共情能力与职业助人者的职业胜任能力有着重要的关联。

此外，在成人人际情绪管理方面，相关的研究发现，共情能力强的个体在处理人际愤怒情绪方面有很高的情绪调节能力。也就是说，共情能力强的个体会更多地设身处地为他人着想，并且不会对他人有过高的期望或者不满，从而能够有效地降低自己的愤怒和敌意，营造一种和谐的人际关系。这种人际关系又很好地促进了个体的职业发展和成就。而对于这种共情能力水平较高的现象，也有人认为，其原因不一定是因为共情能力较高，而是因为这些人更多地运用共情策略来应对人际矛盾，就好像很多成年人都会做一些复杂的数学题，但是不一定愿意费力气去做这些数学题。

同时，也有些研究发现，一些情绪障碍患者有共情能力低的表现。如一项关于共情与抑郁的研究发现，抑郁症患者的认知性共情水平低于普通人，而在

情感性共情中，自身痛苦水平高时，共情性关注没有什么异常[18]。这也提示，成人的特质性共情能力是与情绪障碍的发生有关的。

以上研究多表明，素质性的共情能力和过程性的共情策略对于成年人的共情水平都有重要的影响。而共情水平又与成年人的职业成就、职业满意度以及人际关系有着密切的联系。

四、老年期共情能力的特点

随着老龄化的到来，越来越多的老年人在社会生活中发挥重要作用，老年人婚恋、家居、健康照护等多个问题也逐渐成为重要的社会问题。而人们对于老年人的心理健康以及人际心理方面的特点并没有整体的认识，对老年人共情能力的研究也是只是片段性的认识。不过，正如同对老年人一般认知能力规律的认识一样，现有的研究也呈现了相应的老年人共情特点。

（一）老年人共情能力的变化趋势

在一项共情能力的自评研究中，研究者通过问卷测量，对 80 名年轻人和 40 名老年人的认知性共情和情感性共情进行了比较。结果显示，这些老年人的认知性共情水平都低于年轻成年人，但在情感性共情方面没有差异。此外，一项研究显示，老年人的社交活动可能也随着认知性共情能力的下降而有所减少[19]。这些研究表明，老年人的认知性共情与一般的认知能力的发展规律一致，也就是说，随着衰老的到来，认知功能的下降也波及认知性共情能力，使得老年人对他人的情绪和意图评价能力下降。

不过，在此过程中，老年人的情感性共情水平并没有下降的趋势。这一点提示，老年人的情感世界仍然丰富而稳定。所以，老年人情感世界的需求和能力应当引起我们的重视，在社会生活中不能够忽略老年人的情感交流，同时也要充分尊重老年人对他人的亲近性情感和助人意愿。

（二）老年人与年轻人的助人动机差异

一项针对老年人助人行为的研究比较了 24 位年轻人（平均 20 岁）和 24 位老年人（平均 78 岁）的共情与助人情况，结果发现，老年人会表现出更多的助人行为，而且他们被唤起的共情性情绪强度与助人行为成正比。这一研究提示，老年人在一些助人情境中会比年轻人有更强的助人动机，其中关注性情绪的唤起可能起到重要作用[20]。这也表明，老年人的情感性共情对老年人亲近社会、帮助他人发挥着重要作用。老年人可能会更容易唤起关心、同情、体谅等情感，然后成为温情脉脉的助人者，为他人提供一份温暖和鼓励。

（三）老年人经济决策与共情能力的关系

一项研究发现，不同共情能力的老年人，在进行经济决策或者争取经济利益的时候会有差异。在自身受到不公平的经济分配的时候，那些认知性共情水平高的老年人倾向于去争取经济收益，而作为对照组，那些认知性共情水平更高的年轻人则倾向于维护人际关系，而接受经济利益的损失[21]。出现这种现象的原因还未知，不过，有以下几种可能：其一，老年人可能比年轻人更看重经济权益，因此，当出现经济损失和人际损失的时候，老年人更倾向于选择挽救经济损失；其二，老年人可能处于对人际需求下降的阶段，并不会因为要与陌生人保持关系而损失个人的经济利益；其三，老年人的自我发展已经基本成熟，并不会认为争取经济利益会真正损失人际利益，所以也就会积极争取经济利益。

从以上的研究中，我们可以对老年人的共情能力特点有一个基本的印象，即：老年人的认知性共情能力有所下降，随之的人际交往动力有所下降；而老年人对他人的情感性关注水平没有下降，在他人困难等情境下甚至会比年轻人更容易伸出援手；此外，老年人在经济利益和人际利益的两难选择中可能更倾向于维护经济利益。虽然针对老年人共情的研究还比较少，不过随着老龄化社会的到来，了解这些老年人的共情特点有利于我们了解老年人的情感和需要，并充分发挥老年人的社会功能，让老年人能够生活得幸福美满，同时也让老年人与整个社会和谐共处。

第二节　共情能力发展的影响因素

一、共情能力发展的特质性因素

（一）遗传性因素

关于共情能力是否由遗传而来的问题，研究者们为此开展了不少研究。Davis 等[22] 选取双胞胎作为受试者，对共情的三个方面（共情性关注、自身痛苦和观点采择）进行了基因层面的研究。结果发现，同卵双胞胎（即由同一个受精卵分裂而成的双胞胎）较异卵双胞胎（即由两个不同的受精卵发育而成的双胞胎）在情感性共情方面的遗传性更强，表现为同卵双胞胎之间的共情性关注和个人痛苦两个因子更接近，而异卵双胞胎之间的这些因子并不更接近。同卵双胞胎的个体之间共情性关注和个人痛苦的相关性要显著高于异卵双胞胎，而且个人痛苦因子还与神经质性人格有显著的相关性[22]。而认知性共情，也就是观点采择能力，没有表现出更强的遗传性。因此，Davis 等心理学家认为，情感性共情是一种较为稳定的、与遗传有关的个性特质[23-24]。而认知性共情（观点采择）则不像是一种稳定的能力，却更像是一种社会化风格[22]。不过，也有研究发现，那些患有孤独症或者阿斯伯格综合征的孩子，他们的父母也表现出认知性共情能力较低的情形，也提示认知性共情能力的遗传影响。

（二）智力

智力是与动态的认知过程相对应的静态和稳定的心理特征。由于智力反映的是人持续稳定的认知功能，人们也不禁要问：是不是智力水平较高的孩子就一定具有较强的认知性共情能力？一开始人们研究幼儿的智商与观点采择的关联性，发现的确存在一定的正相关，因此认为智力水平在观点采择过程中发挥重要作用。但是，有些研究却发现[23]，通过各种标准的智力测验所获得的智商与各种观点采择能力之间的相关程度并不高。后来的一些研究发现，有一些神童虽然智力水平很高，但是在理解他人、与他人沟通方面存在缺陷，可见仅仅是智商并不一定能够预测一个人的共情能力。

Rubin[24] 对不同年龄阶段的儿童进行了测查，发现儿童的智商与观点采择能力的相关在幼儿期达到最高（r=0.39），而对于小学五年级的孩子，两者则几乎不相关（r=0.01）。这一结果可能提示，认知性共情能力在儿童早期是与孩子的智力水平有关的，也就是那些智力水平较高的孩子可以运用其较高的认知能力来发展情绪推理能力。不过，随着儿童年龄的增长，认知能力普遍提升以后，观点采择能力则提高不显著，所以二者的关联性不强了。同时也表明，儿童智力水平的发展与认知性共情水平的发展趋势是不一样的。此外，Rubin[24] 发现，儿童社会观点采择能力与其语文成绩呈显著相关，与数学成绩、在校表现的相关性不显著。这可能是因为当孩子的文字分析能力、想象力和语言功能更强大的时候，会通过多种角度和方式去理解他人的情感。

（三）性别

现有的研究表明，女性在情感性共情方面的能力一般高于男性[25]，但在认知性共情方面没有显著差异。在人们的印象中，女性通常感情充沛、容易感动、多愁善感，因此常被认为共情能力比较强。不过一些研究表明，在面对他人痛苦的场面时，女性会体验到更多的个人痛苦，会表现出难过、不安或者悲伤等情绪，但是那种共情性关注的体验并没有比男性更多[26-27]。这也就是说女性可能更容易被情绪唤起，但是并不表示女性更愿意或者更有能力去关注和关心他人。

英国剑桥教授 Baron-Cohen 认为大脑存在两个部分：一个与情感有关，称为“共情脑”，一个与理性有关，称为“系统脑”。共情脑侧重于对情感的感受、反应以及对他人情绪的体察，而系统脑侧重于对方位、逻辑、概念等外在物理世界的分析和觉察。通过研究，人们发现女性，相对来讲，共情脑得分一般高于男性，而男性的系统脑得分一般高于女性。这也与平时我们的经验相一致。通常女性情感丰富，而男性则冷静而富有逻辑。

（四）年龄

一般说来，共情能力在儿童时期是随着年龄的增长而提高的。研究显示，5、6 岁孩子的共情能力就已经明显高于 3、4 岁的孩子了[28]。Hoffman[29] 曾对儿童的共情能力，尤其是“同情性关注”能力的发展提出假设。他认为在早期的发展过程中，儿童不能够区分自我和他人。这样，当看到另一个人处于痛苦中时，儿童会认为是自己的痛苦。随着时间的发展，这种“共情式的痛苦”被“同情式的关注”所替代，这是一种对处于困境中的人同情的感觉。在这期间儿童发展起来一个很重要的能力，即角色转换的能力。一旦这种能够理解他人观点的能力发展了，自我中心的共情式痛苦就转向他人 - 指向的关注。

一项关于大学生共情能力发展的研究发现，男、女大学生共情的发展是不同步的，女生在大学低年级的时候共情能力呈现迅速发展的趋势，而男生到大学高年级的时候共情能力才迅速发展[30]。不过这项研究是按照年级进行分组的，也不排除这些学生随着学习内容和阶段的提高而发展了共情能力的可能。

二、共情能力发展的社会性因素

（一）父母养育、家庭系统对共情能力的影响

Plutchik[31] 指出，共情在进化意义上的作用在于将一个个体与他人联系起来，尤其是在母婴之间。共情能力的发展是基于母婴联结。婴儿开始从声音、面孔和气味去分辨母亲，这可能就是未来共情反应发展的先驱行为。这时候的婴儿开始意识到妈妈与别人的不同，这种区分能力也是共情能力的重要部分，

而促成这种能力发展的关键因素就是孩子与母亲的互动。很多研究都发现亲子的互动质量对于孩子的情感发展有着深远的影响。

母亲在与婴儿进行充满情感的互动过程中，能够影响孩子大脑皮层神经突触的形成和联结。而那些患有抑郁的母亲或者忽视孩子的母亲，常常没有意识到自己的孩子不能够区分他人的情绪，并且在共情发展方面遇到阻碍 [3]。而且也有研究表明，那些虐待孩子的父母，他们本身往往就有共情缺陷，而父母的共情缺陷也与他们孩子的虐待、攻击、惩罚行为相关 [32]。麦璟瑶等 [28] 在中国调查了天津市 189 名 3 ~ 6 岁的幼儿及其母亲的共情能力。他们用个别访谈法以故事图片为材料进行调查，结果发现，5、6 岁的幼儿共情能力高于 3、4 岁的儿童，而且母亲的“感情温暖”“情绪易感性”和养育维度的“接纳”得分都与儿童“理解主人公心情”“与主人公共情”的得分显著正相关。

这些研究表明，作为母婴联结的一部分，母亲应当尽可能多地与孩子相处，而不是长时间离开孩子。一些研究发现，母亲与婴儿分开的次数越多、分离的时间越长，孩子的竞争、攻击和暴力行为的次数就会越多 [33-34]。此外，孩子的社交焦虑也与父母共情行为的缺乏有密切的联系。

不仅是父母，整个家庭系统对儿童的共情能力发展也非常重要，柯尔伯格的研究发现，美国孤儿院儿童的认知性共情能力（主要是角色采择能力）的发展要明显比普通家庭的孩子迟缓。而且是否为独生子女、父母的抚养方式、父母的受教育程度都会影响孩子的观点采择能力的发展。一些关于中国独生子女的研究结果表明，独生子女家庭的大学生共情性关怀的能力评分要低于非独生子女家庭的孩子 [9-13]。

所以，作为父母，应该有意识地与孩子进行情感互动和多方面的交流，并在维系家庭的和谐与进行情感沟通的同时，让孩子有机会体验自己和家人的情感互动，从而顺利发展共情能力，进而有能力融入社会，实现自我。

（二）生活地域与社会交往机会

除却遗传因素，大部分研究者认为，共情能力是在与他人交往的过程中不断提高和培养的。一些研究也证实了这一观点。

Hollos 和 Cowan[35] 对挪威的三个不同交往环境的儿童进行了研究，研究者认为农场的孩子同伴交往机会最少，村庄的孩子有中等程度的同伴交往机会，而城镇的孩子交往机会最多，因此比较了这三个区域孩子的认知性共情能力（观点采择）。结果发现，生活在农场的儿童观点采择能力显著地低于生活在村庄和城市的儿童，而村庄和城市儿童的观点采择能力不存在差异。根据这一现象，研究者提出了儿童观点采择能力与同伴互动关系的"门槛假设"，表明一定程度的社会交往机会、社会经验对观点采择能力的发展是至关重要的。

此后，West[36] 采用相同的研究思路比较了生活在以色列的村庄、小城镇和大城市的儿童的社会观点采择能力，他们被认为是具有不同社会互动经验的三种儿童，也得出了类似的结果。这种不同地域和交往机会造成孩子共情能力出现差异的原因可能在于：一方面，同伴交往让孩子有更多的机会了解不同人的想法和感受；另一方面，在同伴交往中所出现的争执和矛盾会促使孩子进行思考和自我反省，以便解决人际矛盾，而在此过程中，儿童会主动地去了解他人的观点，并使之与自己的观点协调起来，从而逐渐发展了观点采择的能力。

（三）文化与共情能力的发展

Wu 和 Keysar[37] 探索了在中国本土长大的中国人和在美国长大的华裔在观点采择策略方面的差异。在研究中，受试者要在他人指导下挪动物品，以凝视时间和完成准确率作为任务完成好坏的指标。结果发现，中国本土的大学生倾向于站在对方立场上理解口令，而华裔大学生则更倾向于在自己的立场上来理解口令。而且，就观点采择的能力测量而言，这两组大学生没有实际差异，也就是说，虽然两组学生的观点采择能力没有明显差异，但是在使用观点采择策略的时候却有很大差异。这可能是因为中国人多生活于集体主义环境，中国人通常比较在意别人的看法，因此在做事情之前一般会考虑别人的感受，也会尽力去了解别人，尤其是权威的意图。这一研究也证实了文化因素在共情方面的影响作用。

知识链接："爱"的神经递质——催产素（oxytocin）

如果说要评选在最近的十年中最受研究者和公众关注的神经递质，催产素一定榜上有名。相比其他的神经递质，例如多巴胺或血清素，催产素之所以在近年来受人瞩目，自然和它的功能有关——包括爱在内的社会认知和亲社会行为使它被冠上了"爱的荷尔蒙"之称。

在一系列以动物为研究对象的研究中，研究者发现，催产素在动物的社会性行为中扮演着一个重要的角色。这类发现很快就让研究者开始探索催产素在促进包括共情在内的人类的社会认知和亲社会行为的作用，以至于有些乐观的研究者或临床工作者预期外源性的催产素治疗可能会给那些以社会认知和亲社会行为功能损伤为核心的心理障碍，例如自闭症谱系障碍和反社会性人格障碍的治疗带来曙光。

然而，随着针对催产素，尤其是外源性催产素对人类社会认知和亲社会行为的研究的进展，研究者发现，催产素在人类群体中的作用似乎远不那么稳定，也并不一定会改善特定人群的社会认知水平，或是增进个体的亲社会行为。例如，在 Bartz 等[38]的一项以边缘性人格障碍患者为对象的研究中发现，相比健康的成年人，当边缘性人格障碍的研究对象摄入外源性催产素之后（以鼻腔喷剂的形式），他们在随后和另一位同伴进行的社交两难情境的游戏中（使用的是囚徒困境游戏的一种变式，即保证游戏）表现出更低的信任水平和合作意愿，而健康的成年人在同样的条件下则会表现出更高的信任水平和合作意愿。有意思的是，研究者还进一步分析了这些研究参与者的依恋风格对催产素效应的影响，并且发现，对于那些依恋风格中有焦虑和对人际拒绝敏感的特点的研究对象来说，催产素的作用是降低而非升高他们对同伴的信任水平和合作意愿。另一项测量外源性催产素对于共情准确性的研究[39]也发现，在以面部表情的情绪识别为实验任务的研究中，催产素并不会直接影响到研究对象对于人际判断的准确性，它的效应依赖于研究对象的社交能力水平，即对于那些本身社交能力水平就比较高的研究对象来说，催产素并不能够再增益他们的人际判断，但对于那些本身能力欠佳的研究对象而言，催产素的确会增进他们的表现。

Bartz 和她的同事（2011）在回顾了外源性催产素在人类研究对象群体中的研究结果之后，提出了一个交互作用模型来解释研究结果中的不一致现象。他们指出，催产素对特定个体的社会认知和亲社会行为的影响受到情境因素（例如社会性刺激的显著程度、他人的身份特点等）和个体差异因素（例如个体内源性的催产素水平，个体对人际不确定性的反应倾向等）的调节。在他们的交互作用模型中，他们进一步提出了催产素对人类社会认知和亲社会行为的三种影响机制：①降低焦虑，尤其是社交焦虑；②改变个体的人际动机，即做出亲附行为的动机；③改变个体对社会性线索的知觉和（或）加工。并且他们认为第三种影响机制或许最能够解释现有研究中的不一致结果。

除了考察外源性催产素对共情在内的社会认知能力和例如合作、

信任、助人行为在内的亲社会行为的影响之外，也有研究者把焦点放在内源性催产素的作用上，尤其是内源性催产素水平上的个体差异如何在个体的社会认知和亲社会行为上有所体现。另一方面，这些研究也在帮助我们更好地理解某一特定的社会认知能力或亲社会行为表达所依赖的神经生理机制。例如，新近一项研究[40]就考察了催产素和血管升压素（vasopressin）的受体和共情的两种不同成分（情感性共情和认知性共情）之间的关联，血管升压素是另一个被认为对个体的社会认知和行为有重要影响作用的神经递质。研究者在367名成年群体中使用三种共情量表（分别是人际反应指数量表、共情商数量表和情感性共情测量问卷）来分别测量个体的认知性共情和情感性共情能力，同时又测量了他们和催产素受体（OXTR）以及血管升压素受体（AVPR1a）的基因多态性，从而尝试考察个体特质性的认知和情感性共情的能力与这两种神经递质受体的基因形态之间的关联。有意思的是，研究者发现了某种分离的现象，即情感性共情能力仅和催产素受体有关，而认知性共情能力仅和血管升压素受体有关。这一研究结果也从神经-基因水平层面支持了共情的二因素模型。

（官锐园）

参考文献

[1] 王振宇．儿童心理学 [M]. 南京：江苏教育出版社，1987.

[2] Sagi A，Hoffman M L. Empathic distress in the newborn[J].Developmental Psychology，1976，12（2）：175-176.

[3] Diego M A，Jones N A. Neonatal antecedents for empathy[M]. // Farrow T，Woodruff P. Empathy in Mental Illness. Cambridge：Cambridge university Press，2007.

[4] Goleman D. Emotional Intelligence[M]. New York：Bantam Dell Pub Group，1997.

[5] Rochat P. 婴儿世界 [M]. 郭力平，郭琴，许冰灵，译．上海：华东师范大学出版社，2005.

[6] Selman R L，Shultz. Making A Friend in Youth[D].Chicago：The University of Chicago Press，1990.

[7] Mossler D G，Marvin R S，Greenberg M T. Conceptual perspective taking in 2 to 6-year-old Children[J].Development Psychology，1970，12（1）：85-86.

[8] 方富熹．儿童社会认知发展研究简介 [J]. 心理科学进展，1986（1）：10-17.

[9] 吴锐 . 大学生社会观点采择能力的发展研究 [D]. 南京：南京师范大学，2007.
[10] 卡西尼 L J. 心理学百科全书 [M]. 北京：北京大学出版社，1994.
[11] 李辽 . 青少年的移情与亲社会行为的关系 [J]. 心理学报，1990，22（1）：74-81.
[12] 彭秀芳 . 大学生的移情结构及其与积极人格、亲社会行为的关系研究 [D]. 北京：首都师范大学，2006.
[13] 王钰，刘革新，吴建军 . 护理本科生共情及与人格的相关性研究 [J]. 护理学杂志：综合版，2010，25（3）：72-74.
[14] 商庆高 . 工读学校学生与普通中学生亲社会行为、移情的比较研究 [D]. 上海：华东师范大学 .2008.
[15] O’ Brien E，Konrath S H，Grühn D，et al. Empathic concern and perspective taking：linear and quadratic effects of age across the adult life span[J].Journals of Gerontology，2013，68（2）：168-175.
[16] Konrath S H，O’ Brien E H，Hsing C. Changes in dispositional empathy in american college students over time：a meta-analysis[J].Personality & Social Psychology Review An Official Journal of the Society for Personality & Social Psychology Inc，2011，15（2）：180-198.
[17] Rauers A，Blanke E，Riediger M. Everyday empathic accuracy in younger and older couples：do you need to see your partner to know his or her feelings?[J] Psychological Science，2013，24（11）：2210-2217.
[18] Schreiter S，Pijnenborg G H M，Rot M A H. Empathy in adults with clinical or subclinical depressive symptoms[J].Journal of Affective Disorders，2013，150（1）：1-16.
[19] Phoebe E，Baileya J，Henrya D，et al. Empathy and social functioning in late adulthood[J]. Aging & Mental Health，2008，12（4）：499-503.
[20] Beadle J N，Sheehan A H，Dahlben B，et al. Aging，empathy，and prosociality[J]. Journals of Gerontol，2015，70（2）：215-224.
[21] Beadle J N，Paradiso S，Kovach C，et al. Effects of Age-related Differences in Empathy on Social Economic Decision-Making[J].Int Psychogeriatr，2012，24（5）：822-833.
[22] Davis M H. Empathy[M]. Madison，WI：Brown and Benchmark，1994.
[23] Matthews K A，Batson C D，Horn J，et al. “Principles in his nature which interest him in the fortune of others “：The heritability of empathic concern for others[J]. Journal of Personality，1981，49：237-247.
[24] Rubin K H. Role taking in childhood：Some methodological considerations[J].Child Development，1975，49：428-433.

[25] Davis M H. A multidimensional approach to individual differences in empathy[J]. JSAS Catalog of Selected Documents in Psychology，1980，10：85-104.

[26] Schulte-Rüther M，Markowitsch H J，Shah N J，et al. Gender differences in brain networks supporting empathy[J]. Neuro Image，2008，42（1）：393-403.

[27] 魏源．浙江某高校大学生共情特点分析 [J]. 中国学校卫生，2007，28（2）：135-137.

[28] 麦璟瑶，高健，段雯．幼儿共情能力与母亲共情能力关系的探讨 [C]. 第十一届全国心理学学术会议论文摘要集，2007.

[29] Hoffman S A M.Empathic distress in the newborn[J].Developmental Psychology，1976，12：175-176.

[30] 吕勤．大学生共情的特点、相关因素及其干预 [D]. 北京：北京师范大学，2004.

[31] Plutchik R.Evolutionary bases of empathy[M].// Eisenberg，Strayer J.Empathy and Its Development.Cambridge，England：Cambridge University Press，1987：38-46.

[32] Farrow T，Woodruff P. Empathy in Mental Illness[D]. New York：Cambridge University Press，2007.

[33] Brody L R，Hall J A. Gender，emotion，and expression[M]. // Lewis M，Haviland-Jones J M.（Eds.）. Handbook of Emotions. 2nd ed. New York：Guilford Press，2000：338-349.

[34] Crook J H. Sources of co-operation in animals and man[M] // Eisenberg J，Dillon W. Man and Beast：Comparative Social Behavior. Washington，DC：Smithsonian，1971：235-260.

[35] Hollos A，Cowan R A. Social isolation and cognitive development：Logical Operations and role-taking abilities in three Norwagian social settings[J].Child Development，1973，44：630-641.

[36] West H. Early Peer-group inter action and role-taking skills：An investigation of Israeli children[J].Child Development，1974，44：1118-1121.

[37] Wu S，Keysar B. The effect of culture on perspective taking[J]. Psychological Science，2007，18（7）：600-606.

3 共情的神经生理机制

人有一颗产生感情的心，一个能思维脑，一条能说话的舌。

——雪莱

第一节 共情能力的神经生理机制研究

一、共情的神经机制概述

（一）共情的表现及神经基础

请设想一下以下几个画面：

一位母亲一边对哭闹个不停的婴儿说："你是饿了吗？还是尿湿了？"，一边动手检查婴儿的尿布。

一位女白领在微信上向自己的朋友抱怨自己的上司企图性骚扰她，她的朋友也开始感到愤怒，在微信中回复："上微博把这家伙的行为曝光"，并且使用了好几个愤怒的表情符号。

一位中国运动员在奥运会的领奖台上身披国旗激动地流泪，而电视机前的一个中国观众也觉得眼眶有些湿润。

一位来访者说出了以下这段话："我一直在努力观察别人是怎么做到的，尝试多少也摆脱一下自己那种想法的纠缠，和其他女孩在一起的时候努力忘掉自己。和别人在一起的时候，一切还好，可是一旦开始想我是怎么样的一个人的时候，我就感到一种很严重的心理冲突……这种感觉糟糕极了。我希望永远不要有人知道我这样看低自己。这是一种令人难受的感觉。每个人做事都靠自信，但是我却没有。"人本主义心理治疗大师罗杰斯给出了这样的回复："你完全没有自信"[1]。

当一位母亲，一位女白领的朋友，一位和奥运冠军从未有过任何交往的中国观众，以及首次提出“共情”对于心理治疗的重要性的罗杰斯在做出上述举动时，他们大脑中都发生了些什么，以至于他们能够做出看似十分不同，但在心理学家眼中却又类似的反应，这是否是共情性的反应？

本章将尝试回答上面这个问题，即共情具有何种神经生理机制。回答这个问题并不容易，其中的一个重要原因想必阅读了前面章节的读者都能猜到，那就是共情本身并不是一个容易被界定的概念，或者更为准确地说，它是好几个相互关联但又有区别的现象的集合体[2-3]。比如说，看到奥运冠军流泪后自己也感觉眼眶湿润的那位中国人和聆听来访者说了一长串话后说出“你完全没有自信”的罗杰斯，他们的反应都属于某种共情反应，都需要具备对于他人的情绪状态的觉察和某种程度的理解，但两者又并不相同，不同点之一便是目睹他人的情感流露而多少感受到类似的情绪体验的这种共情反应，更依赖于我们对他人表情不自觉的模仿，是某种具身现象[4]，且并不一定需要自我意识的参与；而在理解来访者的内心状态的基础上对她的情感和自我评价做出描述，则无法仅依靠“感同身受”来完成，需要更高阶的心理功能，包括对于语言和他人意图的理解，以及相当程度的自我意识[3]。

（二）共情的界定

正是在界定共情究竟为何物，到底应该包括何种现象上，心理学家之间还有不少争议，尽管研究者已经鉴别出了不少和共情有关的脑区和重要的神经递质，但研究结果之间仍存在不少差异。迄今为止，似乎我们仍然没有办法确定，在下列两种假设中，哪一种更有价值：①存在某种核心的神经激活网络，它在所有共情现象中都会被激活。②具有多套神经激活网络，每一套对应某类特定的共情现象。或许，也可能像心理学中不少曾经持对立立场的理论假设的命题那样，这两种理论假设都是正确的。

鉴于在研究共情的神经生理机制上，不同研究者之间很可能使用了不同的共情的操作定义，在回顾该领域的研究成果之前，有必要先尝试界定一下，“共情”这个筐里都装了哪些相互关联但又彼此不同的现象，以及，为什么我们可以将这些现象都盖上“共情”这个戳，即它们彼此的关联是什么。

1．共情的过程　Batson[2] 认为，当一名研究者（或者任何一个因为某种原因用了“共情”这个词的人）在使用“共情”这个词语时，他们可能在描述八种不同但又彼此有关联的现象：①知晓他人的内在心理状态，包括对方的想法和感受；②采用他人的姿势或表情，或让自己的表情或姿势与他人的姿势或表情相匹配（例如，表情模仿）；③感受到他人的感受；④将自己置身于（投射）他人的处境之中（例如，一位观众想象自己身处在女主角所面临的两难境地之中）；⑤想象他人会有什么样的想法和感受；⑥设想自己在他人的处境下可能会有什么感受和想法；⑦在目睹他人受苦时感到不适；⑧对遭受痛苦的人怀有同情或关切之情。而对这八种现象阐释和探索都是旨在解决以下两个问题：①你是如何知道另一个人在想些什么，有什么感受的？②当你面对一个遭受（生理或心理）痛苦的人，你如何能够向对方提供（合适的）关爱和帮助？

2．共情的心理能力发育次序　Gonzalez-Liencresa 等[3]在他们最近的一篇综述中则将共情置于进化论的框架下，他们提出可以把和共情有关的不同现象或能力按照一种系统发育（phylogenetic）的等级次序，从低到高、从简单到复杂进行排列。

最低或最简单的和共情有关的现象或能力是模仿（mimicry），即个体以一种自动化的过程（即无需意识的参与）复制或模仿了他人的行动或动作，包括姿态、声调、表情等。其次是情绪感染（emotional contagion），即当他人表达情绪时，个体以某种自动化的方式复制了对方的情绪行为，之所以能够出现这种“拷贝”行为则是因为个体分享了他人的情绪或感受。第三是模拟（imitation），指的是在观察到他人的行为后，个体有意做出某种和他人类似的行动，从而获得他人的行为所能获得的目标。在系统发育等级中，更高和更复杂一层的能力则是共情（empathy），需要指出的是，Gonzalez-Liencresa 等[3]也给出了他们对于共情的定义，即能够对他人的情绪状态形成一种具身性的表征，并且在同时能够觉察到诱发他人情绪状态的因果机制是什么。

3．共情的基本成分与亲社会行为　共情具有两种成分，情感性的共情是指个体能够感受到他人的感受，这种“感同身受”的能力则需要个体对于另一个人的感受，例如悲伤或快乐，形成某种具身性的表征，但 Gonzalez-Liencresa[3]同时也强调，情感性的共情成分也需要个体能够有某种区分自己和他人的能力，而这种“你我有别”的能力在更为简单的模仿或模拟能力中是并不必要的。第二种共情成分则是认知性的共情，即知晓他人的想法、意图、渴望和情感的能力，这种能力使得个体在共情行为反应中去设想对方情绪状态的原因。

Gonzalez-Liencresa 等[3]将同情（sympathy）和恻隐之心（compassion）置于这个系统阶层的最高的两个位置上，原因是相比共情，这两种能力还强调个体有一种表现出特定的亲社会行为的动机，前者强调个体会通过某种观点采择的认知过程来理解他人的痛苦，而且这种痛苦也会引发个体自身的某种程度的痛苦，继而使得个体做出某种亲社会的行为。

不过在同情的状态下，个体的亲社会行为的目的既可能是利他的，也可能只是为了减低自己的不适。恻隐之心则更强调个体对于处于痛苦中的他人有一种关切之情，并希望通过一些亲社会行为来给他人带来慰藉。它与同情的区别在于，有恻隐之心的人并不一定也有处于痛苦中的他人同样或相类似的感受。在 Gonzalez-Liencresa 等的模型中，有关共情的模型采用的是二元模型，即分为认知性共情和情感性共情两个成分，并且认为情感性共情成分更具有无需意识参与、相对自动化的特点，和模仿及情绪感染的概念更接近，而认知性共情成分共则需要更多的意识参与，涉及个体具有某种自我 - 他人的区分能力，在概念上和模拟以及同情和恻隐之心更为接近。

二、情感性与认知性共情的神经机制研究

在目前有关共情的概念界定中，共情的二因素模型，即情感性共情和认知性共情的区分得到了最多的研究证据支持。一般而言，情感性共情指的个体能够在一定程度上感受到他人的情绪感受，强调某种情感上的分享状态，而认知性共情指的是个体能够知晓和理解他人的想法和感受，涉及观点采择和心理理论的能力 [5-6]。

（一）情感性共情与认知性共情的区分证据

1. 机制理论不同　在有关共情机制的理论观点中，有两派主要观点，其一是模拟理论（simulation theory），其二是心理理论（theory of mind）。模拟理论强调共情反应具有某种第一人称视角和具身性，个体对他人心理状态的理解和反应乃是通过对于个体自身心理状态的知觉和理解来获得的，即某种由动作模仿而产生的共鸣状态 [4]；心理理论强调个体会基于一套有关心灵运作的理论来预测和解释他人的心理状态，这使得个体以一种相对中立的观察者的姿态来对他人的情绪、感受、想法和意图进行归因 [6]。若从情感性共情和认知性共情的界定来看，模拟理论或更适用于对情感性共情机制的阐释，而心理理论则更适用于对认知性共情机制的阐释。

2. 测量方式的差异　在不同研究中，对两种共情成分或能力的操作定义和测量方式也并不完全相同。总体而言，有两大类的操作定义和测量方式，一是通过自评量表来测量不同的特质性的共情成分 / 能力（例如共情商数量表，EQ），二是通过具体的实验任务来测量不同的共情成分 / 能力。

情感性共情成分 / 能力常常通过某种情绪知觉 / 判断任务来测量，如观察处于疼痛中的他人的照片。认知性共情成分 / 能力则通过各类被认为测量心理理论能力的测验或任务来测量，如错误信念任务。因而，方法论和任务特征上的差异也可能造成研究结果上的不同，尤其是已有不少研究证明，共情能力会受到情境因素（包括任务类型在内）和个人差异因素的调节[3]。

3．来自遗传水平的证据　从目前来看，有越来越多的实证研究证据证明并支持情感性共情和认知性共情的区分，这些证据包括了来自进化、遗传和基因水平[7]、脑损伤和脑器质疾病[6]、大脑形态[8-9]、神经生化学水平的证据[10]，以及特定发展阶段人群的证据[11-12]和来自健康成年人的脑影像学研究的证据[13]。

例如，有一项 meta 分析研究指出[10]，基因和环境对认知性共情和情感性共情的影响有所不同，尽管两种共情都具有中等程度的遗传率，但共享的环境因素仅能影响认知性共情能力。一项有关催产素受体（OXTR）和血管升压素受体（AVPR1a）的基因多态性与特质性的认知性共情和情感性共情的关联的研究发现[10]，催产素受体仅和特质性的情感性共情能力有关，血管升压素受体仅和特质性的认知性共情能力有关。

4．大脑形态的差异　有两项新近的研究考察了特质性情感和认知性共情能力在大脑形态上存在的可能差异，得出了相类似的结果。在更早一些的一个研究中，Banissy 等[8]使用人际反应指数（IRI）量表和基于体素的形态学测量（voxel-based morphometry，VBM）分别测量了个体的认知和情感性共情能力以及大脑灰质密度，并且发现了不同共情特质能力在大脑形态上的分离现象，具体来说：他人指向的情感性共情能力分数（即共情性关注维度）和楔前叶（precuneus）、额下回以及前扣带回皮层的灰质密度呈负相关，自我指向的情感性共情能力分数（即个人痛苦维度）则和躯体感觉皮层的灰质密度呈负相关，而和脑岛皮层的灰质密度呈正相关。观点采择能力分数（IRI 中被认为测量认知性共情成分的维度）和前扣带回皮层的灰质密度呈正相关。最后，幻想能力维度的分数和右侧背外侧前额叶皮层的灰质密度呈正相关。Eres 等[9]则使用了认知和情感性共情问卷（QCAE）来测量个体的特质性共情，他们同样使用基于体素的形态学测量分析了两种共情能力和大脑灰质密度之间的关联。这项研究发现，脑岛皮层的灰质密度和情感性共情能力分数呈正相关，而 MCC/dmPFC 的灰质密度则和认知性共情能力分数呈正相关。

5．脑功能受损者的共情差异　Shamay-Tsoory[6]主要总结了他的研究团队以及其他研究者对于脑损伤病人在共情能力受损方面的研究，其侧重点则在于前额皮质不同部位的损伤和认知性共情能力受损之间的关系，以及认知性共情能力和心理理论能力之间的关联。他的综述发现，前额皮质（PFC）受损，尤其是腹内侧区域（VM）受损与自评量表测量的认知性共情能力下降有关，且这群研究对象在测量心理理论能力的认知任务中也表现最差。而对另一组前额皮质不同部位受损的病人的情绪及认知性共情能力的测量则发现，眶额叶皮层（OFC）受损和前额中部皮质（mPFC）受损的病人相比顶叶皮质受损的病人来说有更糟糕的认知性共情能力，但其情感性共情能力则并未受到显著影响。然后，也有一些来自脑损伤病人的证据并不完全支持上述有关前额叶皮层在认知性共情和心理理论能力方面的作用。在对相关研究结果和研究范式进行更细致的分析之后，Shamay-Tsoory 和其研究团队进一步区分了两类心理理论的任务——情绪性的心理理论任务（涉及对他人情绪性的心理状态的推断）和认知性的心理理论任务（涉及对他人非情绪性的心理状态的推断，例如他人的信念）——并在不同的实证研究中发现，情绪性的心理理论任务和认知性共情能力有关，而前额叶皮层，尤其是其腹内侧区域的损伤主要损害的是情绪性的心理理论任务和与其相关的认知性共情能力。但 Shamay-Tsoory 也指出，这些累积的研究证据并不是说 PFC 的 VM 区域就是认知性共情能力的“所在地”，而只能说，VM 区域参与了认知性共情能力的调节。

此外，Shamay-Tsoory 也尝试提出了共情两因素成分的神经模型。在这一模型中，心理理论能力和其相关神经机制被认为构成了认知性共情的某种基础，尤其是心理理论中的情感成分，而其主要的脑功能区域则是 PFC 的 VM 区域。心理理论中的认知成分也会对情感成分造成影响，其主要的脑功能区域是 mPFC，颞上回（STS）和颞极（TP）。而就情绪共情而言，其基础乃是模拟过程，这些模拟过程主要涉及的脑区包括前扣带回皮层（ACC）、脑岛和杏仁核。

6．健康成年人的脑功能成像　Fan 和其同事[14]使用多水平核密度分析法（MKDA）对以健康成年人为对象进行的有关共情的功能性磁共振成像（fMRI）研究进行了 meta 分析研究。在这些 meta 分析研究中，研究者尝试考察的是，是否存在某种所谓核心的“共情网络”，这一网络能在绝大多数的研究中观察到，并且不受研究任务和刺激材料类型的影响。

在这一 meta 分析研究中，他们的确发现了这样一个核心的“共情网络”，其成员包括：背侧前扣带回皮层（dACC）- 中央扣带皮层前部（aMCC）- 辅助运动区（SMA），以及双侧前脑岛皮层。研究者试图回答的第二个问题则是认知性共情和情感性共情成分是否会激活不同的大脑回路。

在这一项 meta 分析研究中，所谓的共情研究指的是涉及研究参与者去觉知、想象、共享和理解他人的情绪状态或知觉状态的研究，而所谓的情感性共情和认知性共情类型的划分则根据这些 fMRI 研究使用的研究范式来做出区分：那些并不告知研究参与者实验目的，只是让其观看描述他人的某种情绪状态或感觉状态的刺激材料的研究被归类为情感性共情类型研究；那些让研究参与者明确对所呈现的实验材料中他人的情绪状态或感觉状态进行评价的研究则被归类为认知类型研究。

这项 meta 分析发现，左侧中央扣带皮层前部（aMCC）的背部区域的激活主要出现在认知性共情类型的研究中，而右侧前脑岛皮层则主要在情感性共情类型的研究中表现出稳定的激活模式；若使用未经校正的显著性系数的话，认知性共情类型研究中还出现的稳定激活脑区是左侧眶额叶皮层（OFC）和左侧背内侧丘脑（DMT），情感性共情类型研究中则会包括右侧前扣带皮层背部区域（dACC）、右侧背内侧丘脑和中脑。

（二）不支持二成分说的证据及原因

在研究中，同类型的研究结果并不总是一致的。造成这种不一致可能有以下一些原因。

首先，这种不一致反应研究者对共情的操作定义和实验范式（包括使用的刺激类型）上的差异。例如在 Fan 等的 meta 分析中 [14]，情绪共情被界定为研究参与者被动地观看他人的情绪状态图片或类似的材料刺激，且研究参与者本身并不知晓研究的目的是考察他们的“共情反应”。例如，相比使用类似 IRI 这类量表测量出的特质性共情中的情感性共情能力而言，被动观看他人情绪图片的实验研究对共情的操作定义更突出了某种对他人情绪或感受的自动化的知觉加工状态，而问卷测量则更突显出在对他人做出情感性共情反应时，个体能有意识地察觉到自己的这类情绪反应，即有更多自我 - 他人区分的意识加工参与。

另一方面，研究结果的不一致也反映出共情本身的确是一个多维的概念（例如前文中 Gonzalez-Liencresa 等提出的等级模型），而且认知性共情和情感性共情成分也并非完全独立，在特定的共情任务中，两种成分背后的机制很可能同时在起作用，甚至两种机制的相互关系还会受到某些个体差异因素的影响（例如，个体在特质认知性共情和情绪共情能力上存在某种优势模式，或是在执行共情任务时有某种策略偏好）和某些情境因素的影响（例如，个体与共情对象之间的关系亲疏程度）。

此外，不同类型的研究结果之间因其解释水平的不同，并不完全能就两因素模型的神经机制方面达成一致的理解。在未来的研究中，不同解释水平的研究方法的联合使用，如脑成像技术和脑电技术的联合使用，大脑刺激技术（如

TMS 技术）和脑成像技术的联合使用[15]，或许能够帮助我们构建一个更为整合的认知 - 情感性共情模型。

总的来说，当前关于人类共情的脑成像研究发现，与情感性共情相关的脑区主要包括额下回（IFG）、顶下小叶（IPL）以及前部扣带皮层（ACC）、脑岛（insula）和杏仁核（amygdala）等。其中额下回和顶下小叶是镜像神经元系统（MNS）的一部分，镜像神经元是体会他人情感的神经基础，参与模仿等过程。上述脑区出现于大脑进化早期，对生物的基本生存有非常重要的价值，这说明情感性共情是一种古老的接近本能的能力，而在共情情境中的利他行为也可能由于能提高群体适应度而成为生物本能被刻写在基因中[16]。

与认知性共情相关的脑区是内侧前额皮质（MPC）、颞上沟（STS）、颞顶联合区（TJ）和颞极（TP）等[16]。虽然情感性共情和认知性共情是相互独立的成分，但它们在功能上是紧密联系的，前者有利于个体产生亲社会动机，后者则有利于个体选择有效的方式帮助别人。

第二节　共情相关因素的神经生理机制研究

一、疼痛共情的神经机制研究

尽管我们对他人的共情反应并不仅限定于当他人处于痛苦或消极情绪的时候才会出现，但不可否认的是，在绝大多数的研究中，用来引发个体共情反应的是有关他人处于某种消极而非积极体验的刺激材料或真实情景。而研究者最为感兴趣的消极体验之一便是疼痛。需要指出的是，疼痛本身是一种复杂的体验，它并不仅仅是一种单纯的感知体验，还涉及了特定的想法和情绪体验。

（一）疼痛的定义

参照 Merskey 和 Bogduk 的定义[17]，疼痛这种复杂的体验是一种令人不愉快的感觉和情绪体验，这种体验或是涉及真实发生的身体组织损伤，或是和个体预期中会出现的身体组织损伤有关，或是至少从个体的角度来看，它是由某种身体组织损伤所产生的体验（例如，幻肢痛）。

在人类的神经系统中，对疼痛的知觉和加工涉及多种不同的神经结构和神经通路[18]。至少有三种疼痛感受器（热量感受器、机械疼痛感受器、多形态疼痛感受器）存在于我们的皮肤和深层细胞组织之中，这些感受器的信号首先会传递到脊髓背角，随后经由五种主要的上行通路至上一层的中枢神经系统（主要是丘脑）得到进一步的加工，这五条通路分别是：脊髓丘脑束、脊髓网状系统束、脊髓臂旁束、脊髓颈角丘脑束以及脊髓下丘脑束。尽管丘脑外侧核团和丘脑中部核团在疼痛加工中起到非常重要的作用，但疼痛的知觉还涉及了其他的皮层区域，主要包括躯体感觉皮层、扣带回皮层和脑岛，即所谓的疼痛网络，其中扣带回似乎更多参与的是和疼痛有关的情绪状态的加工，而脑岛则更多参与对疼痛的自动化反应的加工。

（二）疼痛的共情模型

因为疼痛体验带有鲜明的主观性，对他人的疼痛体验做出准确而有效的共情反应也并非易事，许多疼痛领域的研究表明，研究参与者往往并不能够准确地估计他人的疼痛程度，而且在大部分情况下，观察者会低估他人的疼痛程度[17]。

Goubert 等[17]提出了一个有关疼痛共情的特异性模型，在这个模型中，成年人对他人疼痛的共情反应会受到至少四种因素的影响——自下而上的因素，自上而下的因素，背景情境因素以及关系因素，且反映出了更自动的、先天的共情反应（更多依赖于边缘系统的反应）和通过后天学习而受到更高阶的认知机制调控下的共情反应（更多依赖于大脑新皮层的反应）的复杂互动结果（表 3-1）。

表 3-1　个体的疼痛表达和观察者的反应之间的互动

Goubert 等[17]译

		个体对疼痛体验的表达	
观察者的反应		自动化的反应（例如反射性的逃避、面部的痛苦表情、哭泣）	有意为之的行为（例如，自我报告，有目的的行动）
	自动化的反应（例如非自主性的、发自内心的体验、运动准备）	对于急性疼痛所做出的无法控制的反应更有可能会激发观察者非自主的共情反应	更不可能激发观察者自发的共情反应
	有意为之的行为（例如，进行思考或主动地做出决策）	在做出自动化的反应之后，会跟着出现反思性的考虑	有可能会激发观察者的反思，以及对于对方疼痛体验是否可信的疑问

（三）疼痛共情的神经机制

在疼痛共情的神经机制领域的研究中，一个重要的研究问题是，当我们对处于痛苦中的他人做出共情反应时，相比我们自己知觉和体验疼痛时，我们的大脑在多大程度上有着类似或不同的反应。而与此相关的一个研究问题是，知觉和体验疼痛与共情他人疼痛之间在神经生理机制上的异同对于我们对疼痛知觉和共情的神经生理机制的理解会有什么启发。

1．自我知觉疼痛和体验他人疼痛　似乎有越来越多的证据表明，当我们对处于疼痛中的他人做出共情反应时，也会部分激活所谓的“疼痛网络”，即我们自身知觉和体验疼痛时所使用的神经网络，这些研究证据也被用来支持共情产生机制中的模拟理论。

Lamm 等[19]对于 41 项有关躯体疼痛共情的 fMARI 研究的 meta 分析研究显示，对比在研究参与者自己处于疼痛之中的实验条件和他们目睹他人处于疼痛之中的实验条件下大脑激活的情况发现，两种条件都会显著激活中扣带回皮层前侧 / 前扣带回皮层后侧（aMCC/pACC）、左侧的前脑岛皮层以及楔前叶（precuneus）；在左前脑岛腹侧区域和右侧前脑岛背侧区域的激活水平比边缘显著。

在疼痛知觉的神经机制研究中，双侧脑岛（AI）和中央扣带皮层前部 / 前扣带回皮层后部（aMCC/pACC）的激活都被认为和疼痛知觉中的情绪成分及动机成分有关，这些脑区在研究参与者目睹他人处于疼痛时也会出现激活则提示，我们对处于特定情绪和感受的他人的共情反应至少部分依赖于我们自己对于类似情绪和感受的亲身体验。除了双侧脑岛（AI）和中央扣带皮层前部 / 前扣带回皮层后部（aMCC/pACC）的激活之外，躯体感觉皮层（S1 和 S2）也会在两种条件下被激活，但这一激活似乎依赖于实验范式的使用。Lamm 等的 meta 分析研究发现，仅在使用基于图片的范式时，对他人疼痛的共情才表现出和自身疼痛知觉同样的特点，即能够显著激活躯体感觉皮层。

另一方面，Lamm 等[19]的 meta 分析也发现了疼痛知觉和疼痛共情在神经机制上的差异。具体来讲，疼痛知觉和体验会激活后部脑岛皮层的区域，但疼痛共情则不会；虽然两种条件都会激活前脑岛皮层区域。这一差别被解读为，后部区域更多反映出疼痛知觉的感觉成分，而前部区域更多体现出疼痛知觉的情感成分。同样的模式也反映在扣带皮层的激活模式上，即疼痛知觉会激活的扣带皮层区域更多，包括扣带皮层中负责对我们的行动加以控制的区域。

2．团体偏好对疼痛共情的影响　在 Goubert 等[17]提出的有关疼痛共情的特异性模型中列出了能够影响成年人对他人疼痛共情反应的四种因素。一些研究的焦点便放在了能够调节个体对他人疼痛的共情反应的不同因素上。例如，有几项研究发现，个体和共情对象之间的关系特性（例如，是否属于同一个团体的成员，自己对于他人的痛苦是否负有责任）对于个体对他人的共情反应有显著的调节作用[20]。

总体而言，这类研究发现，相对于外团体的成员而言，个体对于处于疼痛之中的、和自己属于同一个团体的成员（例如，种族偏好）会在神经激活水平上表现出更强烈的共情反应[21-23]，而若个体对他人存在某种偏见或歧视（例如肥胖歧视），则会减弱个体对他人的共情反应[20]。

在 Sheng 等[21]的一项基于图片范式的事件相关电位（ERP）研究中，研究者尝试考察外源性的催产素是否会放大在共情反应上的种族偏好现象。他们的结果发现，若研究参与者观看的是同种族者处于痛苦之中的图片，相比同种族者展现出中性表情的图片，大脑的前 / 中区域在 128 ～ 188 ms 时会出现更大波幅的正波活动，但这一波幅的增加并未在观察异族者处于疼痛中的条件下出现。此外，和他们假设相同的是，外源性催产素的摄入会放大这一种族偏好现象，进一步的分析还发现，这种放大效应主要体现在催产素的摄入会增加个体对于同种族者的疼痛共情反应，但并不会影响到个体对于异族者的疼痛共情反应。

Contreras-Huerta 等[22]则使用基于线索的范式（即让研究参与者观看到共情对象接受疼痛 vs. 中性的触觉刺激）的 ERP 研究考察了类似的主题，即种族偏好对共情反应的影响。他们的研究焦点是这种种族偏好效应在神经层面所发生的时间进程，以及这种种族偏好现象是否能够通过再分组的方式（即将异种族者和研究参与者分在一组）来加以调节。

Sheng 等[21]的研究也发现了在大脑前 / 中区域的激活，这一激活发生共情刺激出现后的 110 ms，但这一早期激活仅在同种族者的条件下才发生。有意思的是，这个研究还发现了第二次更晚期的激活，这一激活发生在 500 ～ 800 ms，部位是中部 / 顶叶区域，而第二次激活在同种族和异种族的条件下都可观察到。或许更为有意思的是，尽管人为分组可以在行为层面改变种族偏好，即研究参与者在情绪启动任务中表现出对于同组成员（即异族者）面孔的内隐偏好，且在外显评价上也表现出同族偏好，而未展现出对同族人面孔的内隐偏好和外显评价偏好，但在神经层面，这种人为分组却无法影响到研究参与者的共情反应的神经激活模式。研究者对此结果的解读是，共情反应上体现出的种族偏好效应源于更低水平的信息知觉加工，这种自下而上的信息加工模式或许反映出的是一种更为自动化的情绪效价判断过程，它也难以受到更高等级的、自上而下的认知加工过程的影响；而在更晚期的共情反应激活模式上并未发现种族偏好效应，则提示了更高等级的、自上而下的认知调节机制对共情反应的影响。

3．疼痛类型对疼痛共情反应的影响　也有一些研究者 [24-25] 关注对不同类型的疼痛的共情反应存在何种异同，具体而言，即对躯体疼痛的共情和对情绪痛苦的共情在神经层面是否会引发类似的神经加工模式。在 Bruneaua 和其同事更早的一个 fMRI 研究中 [24]，研究者通过让参与者阅读描述他人躯体疼痛的材料（例如，在踢足球时某人扭伤了脚踝）和描述他人情感痛苦的材料（例如，某人向女友求婚但被拒绝）来考察两种不同的痛苦类型在大脑激活模式上的异同。他们发现，总体而言，前者更多激活的是在观察他人躯体疼痛时所激活的脑区，而后者更多激活了和心理理论有关的脑区，包括双侧颞顶联合区、楔前叶中部以及前额叶中部（但需要指出的是，该研究并未发现，这些区域的激活模式在阅读情绪痛苦的材料和阅读中性情绪状态的材料之间有任何差异，换句话来说，这些部位的激活或许更多反映出的是对他人内部状态的推断和对他人躯体状况的理解之间的差别）。

更进一步的分析发现，两种疼痛刺激类型都会激活双侧丘脑和中扣带皮层，而躯体疼痛刺激会更多激活左侧脑岛皮层，情绪痛苦刺激则会更多激活前额中背部皮质（dmPFC），且相比情绪中性材料，该部位的激活在个体阅读他人情绪痛苦材料时的激活程度更高。这个结果提示，dmPFC 在对他人的负性情绪和情绪痛苦的识别以及做出助人反应上起到了尤其重要的作用。

二、共情与人际情境、性别相关因素的神经机制研究

共情反应，无论是认知性共情或是情感性共情，都发生在人际互动这一背景之下，因而除了重要的个体差异变量（例如，特质性的共情能力）之外，这一独特的人际反应也必然受到情境变量的影响，从更低水平的刺激产生的情绪正负效价 [26] 和刺激的社会影响力 [27]，到涉及更复杂认知过程的文化价值观 [28]。在本章之前的篇幅中，已经涉及了一些影响或调解个体的共情反应的因素，而在本章的最后一节中，焦点将主要放在两类影响或调节共情反应的情境变量和个体差异变量上：关系性质和性别。

（一）关系性质对共情反应的影响

所谓关系性质指的是个体和共情对象之间的关系特征，在具体研究中，关系特征的操作定义可以是个体与共情对象之间的亲缘关系和基因近似性、熟悉程度、近似程度、内团体 - 外团体的成员身份（包括操纵种族这类自然团体成员的身份或使用其他临时的标准来分组），以及个体与他人之间是否处于某种合作或竞争的关系。

Gonzalez-Liencresa 等（2013）在其综述中指出，无论是以动物为研究对象或是以人类为研究对象的研究，一个总体的趋势是，个体和共情对象之间的关系越亲密，越是熟悉（相比陌生人），或属于同一个团体，或和他人越相似，或和他人有合作而非竞争的关系，则个体会对他人展现出更强烈的共情反应。Gonzalez-Liencresa 等还认为，这类关系特性对共情反应的调节作用或许是支持了有关共情机制的模拟模型，即有相似基因或社会背景的个体在其大脑结构和表征上也更为类似，因此也能更准确地用自己的内在状态去与他人的内在状态进行匹配。

这种对“同类”的共情反应则又会驱动包括合作、利他等亲社会行为，而这些亲社会行为本身又会反过来强化个体和共情对象之间的关系亲密程度，从而形成某种正性循环[29]。与之相反的是，面对“异类”时，有研究表明，个体不但会出现共情反应降低，而且会出现有可能驱动反社会行为的情绪反应，包括嫉妒和幸灾乐祸。

（二）性别对共情反应的影响

在共情研究领域，一个似乎相对稳定的个体差异是性别之间的个体差异，即女性相比男性在使用自评问卷测量特质性共情能力时和在一些使用实验任务来测量状态性共情能力时都表现出了更高的共情能力水平。但这种性别差异的实质是什么；行为层面的性别差异是否也体现在神经生理水平上的差异。从目前的一些研究证据来看，对上述问题我们仍然没有很明确的解答。

例如，在 Fan 等[14]针对共情的 fMRI 研究的 meta 分析研究中并未发现，在所谓的核心共情网络上存在性别上的差异，因而他们推测，或许性别差异存在于其他大脑区域或激活模式之中。也有一些研究者认为，所谓的共情性别差异也许更多反映出的是在表达共情意愿上的差异，即女性相比男性更愿意报告她们的共情体验。例如在 Michalska 等[30]最近的一项研究就聚焦在性别差异问题上，他们使用自评量表来测量研究参与者的共情能力，同时使用神经生理学手段来测量共情唤起的指标。他们发现，自评量表的结果体现出了显著的性别差异，即女性的自评高于男性，但在神经生理学指标上则没有体现出任何性别差异。

除了女性可能更愿意表达自己的共情体验外，研究者还假设，自评式的共情量表除了测量共情反应外，还测量了包括助人意愿在内的亲社会行为和其动机，后者可能体现出某种“性别偏好”现象，更符合女性而非男性的性别角色。

Lai 等[31]则尝试“解构”所谓的性别差异，认为男女在某些认知能力上的差异实际上是认知风格上的差异。他们区分了两种认知风格：系统化（S）的风格（systemizing），即倾向于通过分析或构建某种基于规则的系统来认识事物，以及共情式（E）的风格（empathizing），即倾向于去鉴别他人的心理状态并对此做出合适的反应。男性相比女性更多使用 S 风格而非 E 风格。他们随后在 88 名男性研究参与者中，使用 MRI 来考察两种认知风格在神经解剖结构上的可能差异，他们发现，S 占优的风格和扣带回皮层以及前额中背部皮质（dmPFC）的灰质体积增加有关，而 E 占优的风格则和下丘脑以及腹侧基底节部位体积增大有关。

Perry 和其同事[32]则从另一个角度来“解构”性别差异。在这项很有意思的研究中，他们把性别和性指向同时纳入了研究的焦点，尝试考察在共情能力上，到底是性别差异更显著，还是性指向的差异更显著。在这一研究中，研究者使用一种情绪心智化任务来测量研究参与者的共情反应，并同时使用 fMRI 来扫描研究对象的大脑。他们的发现更支持性指向效应而非性别效益：在行为水平层面，同性恋男性和异性恋女性（都对男性感兴趣）比同性恋女性和异性恋男性（都对女性感兴趣）表现出更高的共情反应，且异性恋女性的共情反应显著高于同性恋女性。

在大脑水平上，同样表现出了上述模式，在之前研究中被认为是和共情有关的脑区，包括 mPFC 和左侧颞顶联合区（TPJ），且性指向偏好上的组间差异在左侧 TPJ 的激活模式上尤其明显。这些新近的研究证据都提示，所谓的性别差异背后或许有更基础的个体差异机制在起作用。

知识链接：共情与心理病理学——来自神经机制研究的一些结果

作为与社会认知和人际交往有关的一种重要能力，研究者发现，共情能力的缺陷在一些心理障碍中可以观察到，而且在不同的障碍中还表现出不同的共情能力缺陷模式。Smith[33] 在其一篇经典论文中基于认知和情感性共情的两因素模型提出了四种代表性的共情能力障碍（表 3-2）以及其代表性的心理病理问题。近年来，围绕特定心理病理问题和共情能力缺陷及其神经机制方面的研究数量也在稳步增长，且除了 Smith 最早提出的一些心理病理问题外，研究者们也将更多的心理病理问题纳入到他们的视野之中，而累积的研究证据也对 Smith 的早期模型提出了一些异议，尤其是自闭症谱系障碍，有不少研究结果提示，和 Smith 将其归为认知性共情缺陷障碍不同的是，自闭症谱系障碍患者也表现出情感性共情能力受损，因而至少其一些分型因更适合被归为一般共情能力缺陷障碍。

表 3-2　Smith[33]（2006）的共情障碍模型

类型	描述	典型障碍
认知性共情缺陷障碍（CEDD）	认知性共情低 情感性共情高	自闭症谱系障碍
情感性共情缺陷障碍（EEDD）	认知性共情高 情感性共情低	精神病态（psychopathy） 反社会型人格障碍 品行障碍
一般共情能力缺陷障碍（GEDD）	认知性共情低 情感性共情低	分裂样人格障碍
过度共情能力障碍（GESD）	认知性共情过敏 情感性共情过敏	威廉斯综合征

近年来，研究者对于特定心理障碍的共情缺陷及其神经机制的研究延伸到了 Smith 最初提出的障碍以外的心理障碍，包括精神分裂症 [34]、双相障碍 [35]、抑郁发作 [36]、边缘性人格障碍 [37]、创伤后应激障碍（PTSD）[38]，以及注意缺陷多动障碍（ADHD）[39]。这些发病机制的研究为理解共情的机制以及特定心理障碍的发病机制都提供了十分有益的视角。

例如，Fujiwara 和其同事 [34] 考察的是精神分裂症患者的共情能力缺陷及其神经机制，他们主要聚焦在对前扣带回皮层（ACC）的不同部位的大脑形态分析上。他们发现，相比对照组，患者在 IRI 量表中的两个分量表的得分显著降低，分别是个体痛苦和幻想分量表，但仅女性患者相比对照组表现出双侧腹侧ACC和左侧背侧ACC的体积缩小，且仅女性患者的左侧背侧ACC的体积和个人痛苦分量表的得分呈负相关。

Benedetti等[40]也考察了精神分裂症患者和心理理论及共情能力相关的大脑形态学特征，同时他们也使用实验任务的方式来考察大脑激活模式的情况。他们发现，无论是在心理理论任务还是在共情任务当中，患者在行为实验表现上都差于对照组。在大脑形态学的结果方面，患者在右侧颞上皮层的灰质体积低于对照组；在大脑激活模式上，患者在心理理论任务中相比对照组在右侧上颞横回出现了更高水平的激活；在测量情感性共情能力的任务中，患者相比对照组也在右侧颞上回出现了更高水平的激活，并伴随更糟糕的行为表现和更低的大脑灰质体积。

Dziobek和其研究团队[37]采用实验任务的方式对51名边缘型人格障碍（BPD）病人和50名健康对照组的认知性共情和情感性共情能力进行了测量，又使用fMRI对研究参与者的大脑进行了扫描。他们发现从行为指标来看，BPD病人的两种共情能力都差于对照组，且他们的大脑激活模型相比正常对照组而言也有不同，具体来说，在认知性共情任务中，BPD病人的左侧颞上沟和颞上回（STS/STG）的激活水平显著低于对照组（两组人群都出现了颞极、STS/STG和额上回激活，即所谓的心理理论或心智化网络），在情感性共情任务中，BPD病人在右侧中脑岛的激活水平显著高于对照组（两组人群都出现了脑岛和前额中背部皮质激活），且前者激活水平降低的程度还和其闯入性症状（即闯入性的创伤性回忆）的严重程度呈正相关，后者激活水平的增益程度和他们的皮肤电反应强度呈正相关。研究者对此的解释是，BPD病人的共情缺陷模式是GEDD，并伴随着对情绪类刺激的过高唤起水平，这种过高唤起水平很可能使他的两种共情能力的准确性表现出更大的受损程度。

这种GEDD障碍模式也能较好解释BPD在人际领域的病理行为模式。Uekermann等[39]在回顾了近30年有关考察ADHD的社会认知能力的相关文献后发现，ADHD表现出一系列的社会认知能力受损，也有一些证据表明这一障碍患者在心理理论能力（即和认知性共情能力有关）和情感性共情能力上有缺陷。换句话来说，ADHD患者似乎具有GEDD的模式。

类似的，Mazza 和其研究团队[38]在使用实验任务测量 PTSD 患者和健康对照组的两种共情能力及其大脑激活模式的研究中也发现了支持 PTSD 患者具有 EEDD 特征的证据。具体来说，相比对照组，7 名 PTSD 患者在行为指标上表现出情感性共情能力缺陷，在大脑激活模式上，PTSD 患者在测量内隐情感性共情能力的任务时出现了比对照组更强的左侧脑岛激活，以及更低的右侧额下回激活；在外显的情感性共情任务中，PTSD 患者相比对照组表现出更弱的左侧脑岛和左侧额下回激活；在认知性共情任务中，PTSD 患者在相比对照组表现出更强的右侧额中回激活和左侧额下回激活水平。

（高　隽）

参考文献

[1] 钱铭怡 . 心理咨询与心理治疗 [M]. 北京：北京大学出版社，1994.

[2] Batson C D. These things called empathy：Eight related but distinct phenomena [M]. Cambridge：The MIT Press，2011.

[3] Gonzalez-Liencres C，Shamay-Tsoory S G，Brüne M. Towards a neuroscience of empathy：ontogeny，phylogeny，brain mechanisms，context and psychopathology [J]. Neuroscience & Biobehavioral Reviews，2013，37（8）：1537-1548.

[4] 孙亚斌，王锦琰，罗非 . 共情中的具身模拟现象与神经机制 [J]. 中国临床心理学杂志，2014，22（1），53-57.

[5] Davis M H. Empathy：A social psychological approach [M]. Boulder：Westview Press，1994.

[6] Shamay-Tsoory S G. Empathic processing：Its cognitive and affective dimensions and neuroanatomical basis [M]. Cambridge：The MIT Press，2011.

[7] Decety J，Svetlova M. Putting together phylogenetic and ontogenetic perspectives on empathy [J].Dev Cogn Neurosci，2012，2（1）：1-24.

[8] Banissy M J，Kanai R，Walsh V，et al. Inter-individual differences in empathy are reflected in human brain structure [J].Neuroimage，2012，62（3）：2034.

[9] Eres R，Decety J，Louis W R，et al. Individual differences in local gray matter density are associated with differences in affective and cognitive empathy [J]. Neuroimage，2015，117：305-310.

[10] Uzefovsky F，Shalev I，Israel S，et al. Oxytocin receptor and vasopressin receptor 1a genes are respectively associated with emotional and cognitive empathy [J].Hormones & Behavior，2015，67：60-65.

[11] Paulus M，Kühn-Popp N，Licata M，et al. Neural correlates of prosocial behavior in infancy：different neurophysiological mechanisms support the emergence of helping and comforting [J]. Neuroimage，2013，66（1）：522-530.

[12] Moore R C，Dev S I，Jeste D V，et al. Distinct neural correlates of emotional and cognitive empathy in older adults [J]. Psychiatry Research Neuroimaging，2015，232（1）：42-50.

[13] Balconi M，Bortolotti A，Gonzaga L. Emotional face recognition，emg response，and medial prefrontal activity in empathic behavior [J]. Neuroscience Research，2011，71（3）：251-259.

[14] Fan Y，Duncan N W，de Greck M，et al. Is there a core neural network in empathy? An fMRI based quantitative meta-analysis [J]. Neurosci Biobehav Rev，2011，35（3）：903-911.

[15] Hétu S，Taschereau-Dumouchel V，Jackson P L. Stimulating the brain to study social interactions and empathy [J]. Brain Stimulation，2012，5（2）：95-102.

[16] Decety J，Michalska K J. Neurodevelopmental changes in the circuits underlying empathy and sympathy from childhood to adulthood [J]. Developmental science，2010，13（6）：886-899.

[17] Goubert L，Craig K E，Buysse A. Perceiving others in pain：Experimental and clinical evidence on the role of empathy [M]. Cambridge：The MIT Press，2011.

[18] Kandel E R，Schwartz J H，Jessell T M. 神经科学原理 [M]. 北京：机械工业出版社，2013.

[19] Lamm C. Meta-analytic evidence for common and distinct neural networks associated with directly experienced pain and empathy for pain [J]. Neuroimage，2011，54（3）：2492-2502.

[20] Azevedo R T，Macaluso E，Viola V，et al. Weighing the stigma of weight：an fmri study of neural reactivity to the pain of obese individuals [J]. Neuroimage，2014，91（2）：109-119.

[21] Sheng F，Liu Y，Zhou B，et al. Oxytocin modulates the racial bias in neural responses to others' suffering [J]. Biological Psychology，2012，92（2）：380-386.

[22] Contreras-Huerta L S，Hielscher E，Sherwell C S，et al. Intergroup relationships do not reduce racial bias in empathic neural responses to pain [J]. Neuropsychologia，2014，64：

263-270.

[23] Li X, Yi L, Luo S, et al. Mortality salience enhances racial in-group bias in empathic neural responses to others' suffering [J]. Neuroimage, 2015, 118: 376-385.

[24] Bruneau E G, Agnieszka P, Rebecca S. Distinct roles of the 'shared pain' and 'theory of mind' networks in processing others' emotional suffering [J]. Neuropsychologia, 2012, 50 (2): 219-231.

[25] Bruneau E G, Jacoby N, Saxe R. Empathic control through coordinated interaction of amygdala, theory of mind and extended pain matrix brain regions [J]. Neuroimage, 2015, 114: 105-119.

[26] Lamm C, Silani G, Singer T. Distinct neural networks underlying empathy for pleasant and unpleasant touch [J]. Cortex, 2015, 35: 79-89.

[27] Prochnow D, Brunheim S, Steinhäuser L, et al. Reasoning about the implications of facial expressions: a behavioral and fmri study on low and high social impact [J]. Brain & Cognition, 2014, 90 (4): 165-173.

[28] Greck M D, Shi Z, Wang G, et al. Culture modulates brain activity during empathy with anger [J]. Neuroimage, 2012, 59 (3): 2871-2882.

[29] Wang J, Wang Y, Hu Z, et al. Transcranial direct current stimulation of the dorsolateral prefrontal cortex increased pain empathy [J]. Neuroscience, 2014, 281: 202-207.

[30] Michalska K J, Kinzler K D, Decety J. Age-related sex differences in explicit measures of empathy do not predict brain responses across childhood and adolescence [J]. Developmental Cognitive Neuroscience, 2013, 3 (1): 22-32.

[31] Lai M C, Lombardo M V, Bhismadev C, et al. Individual differences in brain structure underpin empathizing-systemizing cognitive styles in male adults [J]. Neuroimage, 2012, 61 (4): 1347-1354.

[32] Perry D, Walder K, Hendler T, et al. The gender you are and the gender you like: sexual preference and empathic neural responses [J]. Brain Research, 2013, 1534 (8): 66-75.

[33] Smith A. Cognitive Empathy and Emotional Empathy in Human Behavior and Evolution [J]. Psychological Rccord, 2006, 56 (1): 3-21.

[34] Fujiwara H, Shimizu M, Hirao K, et al. Female specific anterior cingulate abnormality and its association with empathic disability in schizophrenia [J]. Progress in neuro-psychopharmacology & biological psychiatry, 2008, 32 (7): 1728-1734.

[35] Montag C, Ehrlich A, Neuhaus K, et al. Theory of mind impairments in euthymic bipolar patients [J]. Journal of Affective Disorders, 2010, 123 (1-3): 264-269.

[36] Fujino J, Yamasaki N, Miyata J, et al. Altered brain response to others' pain in major depressive disorder [J]. Journal of Affective Disorders, 2014, 165: 170-175.

[37] Dziobek I, Preissler S, Grozdanovic Z, et al. Neuronal correlates of altered empathy and social cognition in borderline personality disorder [J]. Neuroimage, 2011, 57 (2): 539-548.

[38] Mazza M, Tempesta D, Pino M C, et al. Neural activity related to cognitive and emotional empathy in post-traumatic stress disorder [J]. Behavioural Brain Research, 2015, 282: 37-45.

[39] Uekermann J, Kraemer M, Abdel-Hamid M, et al. Social cognition in attention-deficit hyperactivity disorder (adhd) [J]. Neuroscience & Biobehavioral Reviews, 2010, 34 (5): 734-743.

[40] Benedetti F, Bernasconi A, Bosia M, et al. Functional and structural brain correlates of theory of mind and empathy deficits in schizophrenia [J].Schizophrenia Research, 2009, 114 (1-3): 154-160.

4 共情的测量

一切推理都必须从观察与实验中得来。

——伽利略

第一节　共情测量的基本方法

一、心理测量概述

人是万物的尺度，这是哲学家普罗泰戈拉所阐述的观点，那么，人们是运用什么尺度来测量共情呢？

共情，也称为同理心、感同身受，被认为好像是天赋一样来自于先天的能力。每个人一生下来，便在基因里、大脑中被赋予了这样一种能力的萌芽，随后，这种能力在环境中不断地被发掘，不断地被使用，不断地得以成长和发展，最终使得我们能够理解他人、同情他人并且爱护他人。正因为如此，共情这种能力更多的被称为人的天性、本能，甚至是关乎人性的概念，那么，关于共情，我们能够以科学的、量化的方法来测量和表述吗?

如果想要对共情运用心理学的方法进行测量，首先需要了解的是心理测量的基本原则和方法。

心理测量是用来检测人们的能力、行为和个性特质的特殊的测验程序。心理测量通常是指对个体差异的测量。而针对心理本身，我们能够通过多个维度进行测量，比如我们所熟知的人格、情绪、智力等，由此而衍生出了各种各样的测量工具，如人格量表、智力测验等，而测试的方法也不一而足，如纸笔测验、投射测验等。

而我们想要对某个心理维度进行测量时，我们首先需要两个重要的条件，即参照点与测量单位。

（一）测量的参照点

测量的参照点指的是在测量工作中必须有一个量的起点，这个起点就是测量的参照点。参照点有两种：一种是绝对参照点，即以绝对的零点作为测量的起点。比如长度和重量测量就是建立在以绝对的零点为参照点的基础上的测量。另一种是相对参照点，即以人为确定的零点为测量的起点。如地势高度的测量，就是以海平面为测量的起点。最理想的参照点是绝对参照点。

在心理学现象的测量中，通常会从主观和客观两个方面来进行，也就是有时以自我为参照点来做出评价，有时以他人的标准为参照点来做出评价，二者都有其独特的视角和原理。在共情的测量中，同样的存在两种视角——自我和他人，而不同的视角也可能存在不同的结果和微妙的差异。

（二）测量的单位

不同测量的单位是不同的。理想的测量单位应当具备两个条件：一个是要有确定的意义，即对同一单位来说所有人的理解是相同的。二是要有相等的价值，即单位与单位之间的距离是相等的。但是心理测量中的单位往往很难达到这个要求，通常是被测验者自己所感受到的程度作为测量的单位，因此，若想通过测量工具准确测量某个心理变量，就需要一系列心理测量的标准化工作，来验证心理测量工具的有效性和可信度。

同样，关于共情的心理测量，研究者们也开发了多种测量工具，以期全面而准确地评估共情。

二、共情测量的刺激范式

测量共情首先要使受测者处于共情的过程之中，而通过标准化的刺激和流程来引起共情的方式，称为共情反应的刺激范式。

在共情测量过程中，唤起共情性情绪反应的刺激范式主要有两种：故事情境刺激和情绪图片刺激。两者的区别在于唤起共情的刺激物不同。

1. 故事情境刺激范式　故事情境刺激是指通过设置一定的故事情境，例如描述某个人的悲伤情境的方式来唤起受试者的共情反应，以此来测量和研究在情境中被唤起的共情。故事情境刺激范式常用于共情性情绪反应与利他行为的关系研究。

Sibicky 等[1] 虚拟了一个看似真实的受困情境以考察共情性关注以及帮助效果评价与助人行为的关系。在这个实验中受试者将观察到隔壁房间中的一个大学生正在完成一项困难的任务，而受试者能够通过给对方提示而帮助其完成任务。研究者通过告知受试者指导语的方式设置了高共情情境和低共情情境。Batson 等[2] 通过不同的需要帮助的故事情境验证人们的共情反应与助人行为的关系。如邀请受试者听一段模拟的录音，并设法让受试者相信真的有一位记者通过无线电广播正在访谈一个有痛苦经历的女性。以此，来考察共情唤起与助人行为的关系。

这些刺激范式通常是根据受试者的教育程度、生活背景设置相应的故事情境，让受试者能够身临其境地体会他人的感受。这类刺激范式的优点在于受试者更容易被唤起共情反应，缺点在于设计难度更高、更复杂。因为要设计的情境足够真实才能唤起准确的反应，因此，在这类刺激范式中，通常需要进行操作性检验，以确认受试者的共情性情绪被唤起。

2. 情绪图片刺激范式　情绪图片刺激范式是指通过阅读含有情绪性表情图片的形式来唤起受试者的共情反应。

情绪图片刺激范式常见于共情脑机制的相关研究，图片类型一般涉及两种情境，分别是情绪情境和疼痛情境。Schulte-Rüther 等[3] 利用一组模糊了性别的表情图片来测查男性和女性的共情差异。其方法是以愤怒和恐惧情绪的面部表情作为刺激材料，受试者在观看情绪图片的时候或者聚焦于自己的感受（self-task），或者判断他人的情绪状态（other-task）。韩世辉等[4] 利用手指受伤的真实性图片和卡通图片来考察受试者的疼痛共情的发生状况。虽然这些研究发现了情绪与脑区激活的对应关系，但是，也有学者提出质疑，认为这些观察和评估静态的面部表情图片的研究，不是聚焦于共情，而是研究危险的觉察、厌恶的环境、下意识觉察、内在奖赏或者注意调节的[5-7]。情绪图片刺激范式的优点在于受试者接收到的信息量比较简单而一致，有利于比较不同受试者共情反应的差异性；不足之处在于缺乏身临其境的感觉，受试者的共情反应可能不是真实的反应，可能是受到社会赞许性等因素的影响而修饰过的情绪反应，因此此类研究中也需要排除一些影响因素的干扰。

由于单独使用故事情境和情绪图片都存在一定的局限性，有些研究则倾向于将两者结合起来。如 Lamm 等[8] 模拟了一种医疗情境，假设病人接受一种能带来痛苦的治疗方式，并邀请一些演员扮演患者拍摄一些接受治疗时的痛苦表情图片，并给予指导语，以此来评价不同的共情唤起情况与脑区激活的关系等。

知识链接：科学的心理测量是如何诞生的？

也许，人们会以为心理测量仅仅是在心理学家中的重要工具，但实际上，最早的心理测量却源于人们日常生活中的需要。最早对于科学的心理测量的需求起源自人们对智力落后以及精神病患者的治疗，人们需要一种精确的工具来对这些人群的心理状态做出评估。

在我国，早在公元六世纪初，南朝人刘勰的著作《新论·专学》中提到了类似现代“分心测验”的思想，也就是最简单的左手画圆，右手画方的测试，蕴含了心理测量的精神。而我国民间广为流传的“七巧板”也是用来测定和评定孩童的测量工具。

而在西方，作为达尔文的表亲，弗兰西斯·高尔顿对心理学，特别是心理测量同样做出了突出的贡献。

弗兰西斯·高尔顿是第一个倡导心理测验的人。他于1884年在伦敦国际博览会上专门设立了一个“人类测量实验室”。他的这一举动是心理测验史上第一个大规模系统地测量个体差异的尝试。高尔顿还是使用评定量表和问卷法的先驱。他发展了分析个体差异资料的统计方法，不仅扩充了古特列特的百分位法，而且创造了粗浅的相关计算法。

而在此之后，出于实际需求的需要——法国的医生艾斯奎罗第一个把智力落后与精神病分开。他认为，精神病以情绪障碍为标志，不一定伴随智力落后，而智力落后则是以出生时或婴儿期表现出来的智力缺陷为主要标志。50多年后，法国的心理学家比奈提出应该从正常学校学习的儿童中筛选出不适应的儿童，安排在特殊的班级里学习和教育。此举动导致了心理测验史上重大事件的发生——第一个智力测验的诞生。

而发展的如今，各种各样的心理测量工具应运而生，层出不穷，从智力测试、人格量表，再到情绪状态量表、生活事件量表等。

第二节　共情测量的主要方法与工具

共情的测量方法主要分为自评和他评。自评测量是指受试者自我评价共情反应的性质和程度，是一种相对主观的测评方法，又可以区分为特质性和状态性共情测量的方式；他评测量主要是他人对受试者的表情、行为、帮助意愿、情绪推测准确性等方面进行的测量，是一种相对客观的测评方法。

一、自评共情的主要工具

（一）特质性共情的测量

特质性共情是指与人格因素相关的、存在比较稳定的一种共情倾向性。测量特质性共情的工具中，应用比较广泛的主要有：

1．情感性共情测量问卷（questionnaire measure of emotional empathy，QMEE）[9]。该问卷用以测量对他人体验的慢性情绪反应趋势，问卷中有多种情境。如“有时一首爱情歌曲的歌词会深深地感动我”。作者后来又修订该量表为和谐情感性共情量表[10]（the balanced emotional empathy scale，BEES），包含30个条目。

2．人际反应指数（interpersonal reactivity index，IRI；Davis，1983）[11]。该问卷是当前用于测量共情的最广泛的问卷，该问卷测量了认知性共情和情感性共情。最初的版本为希伯来人版本（the Hebrew version of interpersonal reactivity index）[12]，共有28条目，4个分量表，每个分量表各有7个条目，包括观点采择分量表、幻想分量表、共情性关注分量表和个人痛苦分量表。观点采择是指能够从他人的角度看问题，属于认知性共情；幻想是指个体想象他人生活处境或者情绪感受的能力；共情性关注是指看到他人不幸或者痛苦时产生关注、热心等积极情感的能力；个人痛苦体验是指看到他人不幸或者痛苦时的一种自身感到难过、烦躁等消极情绪的能力。

其中，观点采择例题：我有时想象着从我的朋友的角度来看问题，来尽力使我更好的理解他。幻想分量表例题：当我读有意思的故事或小说时，我会想象如果故事中的事情发生在我身上我会怎样。Yarnold等[13]在医生群体应用后得到5个分量表：观点采择、幻想、共情性关注、个人的痛苦和卷入。

3．共情商数量表（empathy quotient，EQ）[14]。该量表用于测量成年人在社会交往时理解和分享他人情感的能力。由于认为共情的认知性成分和情感性成分是相互作用、密不可分的，因此该问卷采用单一维度，由40道题组成。Wakabayashi等[15]在大学生群体中修订了该量表，得到一个缩减版，共有22道题。例题：我很容易看出另一个人是否愿意参与谈话。

4．情绪反应问卷（emotional response questionnaire，ERQ）[16]。该问卷主要测量在看到共情性场景时候的常有的情绪反应，该量表共有34个条目，其中有6个形容词条目体现了共情性关注的情绪状态：温暖的、感动的、热情的、同情心的、好心肠的和温柔的。

（二）状态性共情的测量

状态性共情是指在测量过程中个体所产生的即刻的共情反应。相比于特质性共情，状态性共情的持续时间短，情绪唤起迅速，消退也比较迅速。测量状态性共情有利于了解哪些事件容易激起人们的共情反应。

Batson 等[2] 采用情绪词的方式测量共情性情绪反应。即当受试者听完一个受助者的故事后，填写对受助者的情绪反应问卷，包括对 26 个情绪形容词进行 7 点评分（1= 完全不，7= 绝对是），其中有 6 个形容词与共情性关注有关（同情的、心软的、温暖的、富有同情心的、温柔的和感动的）；8 个形容词与痛苦体验有关（警觉的、伤心的、麻烦的、痛苦的、难过的、打扰的、担忧的、不安的）。随后，让受试者对痛苦的、难过的、麻烦的、悲伤的四个词进行 1 ～ 9 级打分（1= 完全不，9= 绝对是）评价自己所感到的痛苦和认为受助者所感到的痛苦。

Dziobek 等[17] 发展了一套用图片刺激方式区分认知性共情和情感性共情的测试工具，称为多维共情测验（multifaceted empathy test ，MET）。MET 包括一系列图片，内容多是处于某种情绪状态和环境中的人物。在该测评工具中，受试者在看到一幅图片之后会被要求推测照片中的人的感受，用以评估认知性共情。在受试者做出反应后，会得到正确答案。然后，受试者对所见到的照片为自己的感受计分，用以评估情感性共情。

二、他评共情的主要方法与工具

他评测量共情的方式和测评指标多种多样，如共情准确性、共情行为及意愿，共情时的面部表情以及生物学改变等。

1. 共情准确性的测量　测量共情准确性的主要方法是考察被试对面部表情的识别准确性，或者考察被试能否准确推测靶人物的情绪感受，主要有以下两种方式：

（1）标准化的刺激范式（standard stimulus paradigm）是指受试者观看同样的录像并推测同一靶人物的想法和感受[18-19]，从而考察受试者推测他人情绪和想法的准确程度。这种标准化的刺激范式的使用较为广泛。

（2）非结构化的二价的交互作用范式（unstructured dyadic interaction paradigm—dyadic interaction paradigm）是让配对的受试者彼此进行短暂的交流

之后进行录像，然后双方根据录像推测对方的感受和想法，并报告自己在录像中的感受和想法[20]。配对者可以是夫妻、同性别的人、朋友等。

2．共情行为的测量 大多数是通过助人意愿、语言安慰和非语言行为来推测其共情行为，如志愿助人的时间[21]、捐助行为[11]等。在医护人员的共情研究中，Kennifer[22]曾将医生表现出的延长交谈时间、表达安慰、表示支持性话语作为共情行为进行评定。总的来说，由于共情性认知和情绪多发生在个体的内在体验之中，在实验室条件下评价共情行为只能是一种对于共情性体验的简单测量，不过由于共情性情绪常常是与助人行为相关，而助人行为在人们的社会生活中具有重要的意义，因此，考察共情反应相关联的共情行为一直是心理学家研究的重点。

3．共情反应的生理学指标 共情反应的生理学指标也是一个常用的他评方式。Fabes 等[23]研究发现，在观看共情故事的录像时，人们的帮助动机可以分为两组，一组是高帮助组，一组是低帮助组。其中，高帮助组的表情更为关注、心率更慢，而且心率的变化也可以预测高帮助行为的产生。Levenson 和 Ruef[24]从生物学的角度探讨共情时的生理指标，发现观察者推断目标人的负性情绪状态的准确性与二人的生理同步性的水平有关。也就是说，当两个人的生理状态，例如心率、肌肉活性等指标越匹配的时候，这两个人越能够准确地觉察到彼此的感受。

近年来还有研究者应用皮肤导电率来测量心理治疗过程中共情的发生情况。Marci 等[25]应用心理治疗师与来访者的即时皮肤导电率（skin conductance，SC）来研究其与病人所觉察到的治疗师共情反应之间的关系。发现皮肤导电率与共情之间呈正相关关系。

因为大脑感觉运动皮层脑电图（EEG）的 mu 波（8 ~ 13 Hz）的振动被认为反映了镜像神经元的活动，有的研究者通过测量大脑感觉运动皮层 EEG 的 mu 波（8 ~ 13 Hz）的振动来评估共情反应。Oberman 等[26]运用此方法研究了在他人挥手，自己挥手情境下的镜像神经元活动，发现正常受试者在自己和他人挥手时都出现了 mu 波的明显抑制，而孤独症患者只在自己挥手时有 mu 波抑制，在他人挥手时没有出现这种情况。

4．脑影像与脑电图测量 对共情的脑影像研究常用的范式为通过要求受试者看一些照片、卡通图片或录像后报告感受，同时扫描其大脑，可以研究与共情相关的脑区。Völlm[27]等运用 fMRI 研究了人的心理理论与共情能力，发现心理理论和共情都与涉及他人心理状态的大脑网络，但共情还包括情绪处理。

还有研究者研究了对痛苦体验进行了脑影像的研究，发现在体验疼痛和观察所爱之人疼痛时，双侧前脑岛叶和前扣带回脑干和小脑都被激活，但亲身体验痛苦时，感觉运动皮层、躯体感觉皮层和尾侧前扣带皮层有额外的激活[7]。Gu 和 Han[4] 进一步研究了痛苦的共情过程，他们设计了两种任务来操纵对痛苦线索的自上而下的注意，一种痛苦线索任务是人的手处在痛苦的状态任务中（手被剪刀剪，并要求被受试者估痛苦感受的强烈程度），另一种是中性的任务（数手的数目）。研究发现，与中性条件相比，痛苦线索条件下前扣带皮层 / 旁扣带皮层、脑岛叶、左侧前额中部皮质激活增加。Gu 和 Han[4] 认为这说明共情反应强烈依赖于对痛苦线索的自上而下的注意。此外，他们还发现操纵实验刺激的现实性（实验用的刺激是同样的，但不是照片而是动画时）一样可激发出脑岛叶的活动，但对扣带回皮层的激活比较弱，即相关的神经活动受到刺激内容的现实性影响。

Fan 和 Han[28] 在上述研究的基础上，又通过事件相关脑电位（event-related brain potentials ，ERPs）以同样的实验范式对共情过程中神经活动的时间动力基础进行了研究，ERP 的结果表明在感觉刺激呈现 140 ms 之后，痛苦线索条件和中性条件之间在前额皮质出现了差异，在 380 ms 时在中央 - 旁区域所观察到的长时 – 潜在的共情反应在左侧半脑比右侧半脑更为显著。早期和迟发的共情反应，是由对痛苦线索的自上而下的注意和刺激内容的现实性调节的。而在 140 ～ 180 ms 时的 ERP 平均振幅与受试者报告的感受到他人痛苦的程度以及自我的不愉快感相关。Fan 和 Han[28] 认为 ERP 的结果支持了对痛苦的共情包括早期的情绪分享和此后的认知评估的模型。

上述研究表明，目前运用脑影像和脑电图技术对痛苦的共情的研究已经有了比较成熟的研究范式，并且有了比较深入的研究成果。

知识链接：医护人员的共情能力——心理测量的视角

心理测量是根据一定的法则用数字对人的行为加以确定的过程，也就是说，心理学家会依据一定的心理学理论，使用一定的操作程序，给人的行为和心理属性确定数量化的价值[29]。编制一种可信有效的测量工具的要素之一就是能够使用恰当的行为样本来代表欲测量的心理学特质。从这个意义上来说，我们可以借用公认的测量工具来了解共情是如何被界定的，以及它在心理过程和行为层面都会有哪些典型的表现。在本专栏中，我们将介绍几个用于测量医护人员临床共情能力的工具，希望能够让读者更为直观地了解该领域中对共情的界定。当然，我们也可以借助这些工具来评估医护人员 / 医护生的共情水平，用于人员的筛选和评估，或是用于评价特定共情训练项目的有效性。

第一个工具是杰斐逊共情量表（Jefferson scale of physician empathy，JSPE）。该量表是为测量医学生和医护人员发展而来，也是这个领域中最为广泛使用的量表，并被翻译成为了包括中文在内的多种语言，并展示出了较好的跨文化的信度和效度。该量表的编制者对临床共情的界定如下："一种认知（而非情感性的）的特质，它涉及的是对于病人的内在体验和观点的一种理解，此外还要再加上将这种理解沟通给患者的能力"，并强调，认知、理解和沟通乃是医疗领域中的共情的核心[30]。定性（Delphi 技术）和定量方法都被用于开发和修订 JSPE。JSPE 是自评量表，即由医护人员 / 医护生自己评价自己的共情水平，量表包括 20 项条目，采用 7 点李克特量表形式（1= 非常不同意，7= 非常同意），得分在 20 ~ 140 分之间，得分越高，表明个体更倾向于有更高的临床共情反应。目前这个量表已经有三个不同的版本，分别是针对医学生的版本（S-JSPE）、针对临床医生和其他医疗服务提供者的版本（HP-JSPE）以及针对非临床医学生（例如护生、药学生或牙科医学的学生）的版本，这些不同版本有相同的结构但措辞有所不同。该量表的最初版本有三个维度，这三个维度的产生是因素分析的结果。也就是说，JSPE 所界定和测量的临床共情包含了三个部分：观点采择（perspective taking）、关爱照料（compassionate care），以及站在患者立场（standing in the patient' s shoes）。其具体条目举例见表 4-1。

表 4-1　JSPE 三维度条目举例

维度	例题
观点采择	• 我努力通过关注患者的非语言暗示和和身体语言来了解他们的想法 • 我认为询问患者的生活对于理解他们的身体不适不重要
关爱照料	• 当患者的感受被医生所理解的时候，患者会感觉更好 • 患者的疾病只能通过治疗得以治愈，因此，我与患者的情感联系在这个过程中并没有什么重要的作用
站在患者的立场	• 在医疗过程中，我尽量把自己想象成患者 • 人与人之间存在差异，因此我几乎不可能从患者的角度看待问题

第二个工具则是中国学者杨辉、邱玉芳和宋丽萍[31]编制的有关临床护理人员的共情能力评价体系。这三位学者主要采用Delphi技术构建出了临床护理人员的共情能力评价体系（表4-2），属于他评工具。在这个体系中，护理人员的共情能力被分解成为三个成分：对病人的心理认知能力、对病人的情感体验能力，以及对病人行为的帮助能力；每个成分还设有不同的二级指标。若从这个评价体系来看，对临床共情的界定和JSEP的界定并不完全相同，除了同样强调对病人内在状态的认知理解和沟通技能之外，临床护理人员的共情能力评价体系增加了对病人情绪的接纳能力，并且也将护理人员提供的一些专业服务，例如健康教育能力也纳入其中。这些不同和护理工作的性质有关，护理工作的主要目标毕竟和医生有所不同，从心理层面来讲更侧重于为病人提供安慰和支持，缓解病人的孤独和孤立感，以及满足病人被理解和被认可的需要[32]。

表4-2　临床护理人员共情能力评价指标体系[31]（有改动）

一级指标	二级指标	三级指标
对病人心理的认知能力	熟悉病人的一般资料情况	
	理解病人的痛苦和合理的需求	
对病人情感的体验能力	识别病人情绪的能力	能从病人的角度理解并体谅其感受
		能识别病人及家属的语言和非语言信息
		能准确判断病人的各种情绪
		对病人的情绪很敏感
	接纳病人情绪的能力	能对病人的情绪做出积极反应
		能关注病人的情绪及心理愿望
		尊重并接纳不同病人的情绪
对病人行为的帮助能力	医患沟通能力	语言沟通能力
		非语言沟通能力
		运用沟通知识、沟通技巧能力
	提供安全、支持系统	
	健康教育能力	
	专业知识	
	专业技术操作能力	

第三项工具是医疗访谈中的共情性沟通评价量表（rating scales for the assessment of empathic communication in medical interview，REM）[33]。这项工具属于他评工具，包含了9个条目，评定的方式是对事先录制好的医生的医疗访谈中的共情行为和对峙行为进行7点评分，其中1-6条评定的是共情行为，7-9条评定的是对峙行为（被界定为会抵消共情行为）。在REM中，更多强调地是共情的认知成分，即将其界定为医生具有知觉和理解病人的观点的认知能力，并且具有在行为上有能力将这种理解传递给病人。6条对共情行为的评定条目是：①医生是否给病人提供了表达他/她个人意见的机会；②医生是否将病人视为一个对等的伙伴来对待；③医生是否能表现出对病人的观点的理解；④医生是否尝试让自己站在病人的立场上来考虑；⑤医生是否对病人的观点表示出了兴趣；⑥医生是否会给病人以压力。

最后一项工具是杰弗逊病人对医生共情知觉评定问卷（Jefferson scale of patient perceptions of physician empathy，JSPE）[32]。这是我们所介绍的第一项工具的病人版本，即从病人而非医护人员的视角来评价医护人员的共情性关注和理解水平。这一工具包含5个条目，采用5点评分，条目包括：①（我的医生）理解我的情绪、感受和担忧；②（我的医生）看上去会关注我和我的家人；③（我的医生）能够从我的角度来看待事情；④（我的医生）会询问我日常生活中所发生的事情；⑤（我的医生）是一个能理解别人的医生。

（焦守玮　官锐园）

参考文献

[1] Sibicky M E，Schroeder D A，Dovidio J F. Empathy and helping：Considering the consequences of intervention [J]. Basic and Applied Social Psychology，1995，76（4）：435-453.

[2] Batson C D，Sager K，Garst E，et al. Is empathy-induced helping due to self-other merging? [J] Journal of Personality & Social Psychology，1997，73：495-509.

[3] Schulte-Rüther M，Markowitsch H J，Shah N J，et al. Gender differences in brain networks supporting empathy [J]. NeuroImage，2008，42（1）：393-403.

[4] Gu X，Han S. Attention and reality constraints on the neural processes of empathy for pain [J]. Neuro Image，2007，36：256-267.

[5] Carr L，Iacoboni M，Dubeau M C，et al. Neural mechanisms of empathy in humans：A relay from neural systems for imitation to limbic areas [J]. Proceedings of National Academy of Sciences，USA，2003，100：5497-5502.

[6] Decety J，Chaminade T. Neural correlates of feeling sympathy [J]. Neuropsychologia，2003，41：127-138.

[7] Singer T. The neuronal basis and ontogeny of empathy and mind reading：Review of literature and implications for future research [J]. Neuroscience and Biobehavioral Reviews，2006，30：855-863.

[8] Lamm C，Batson C D，Decety J. The neural substrate of human empathy：Effects of perspective-taking and cognitive appraisal [J]. Journal of Cognitive Neuroscience，2007，19(1)：42-58.

[9] Mehrabian A，Epstein N. A measure of emotional empathy [J]. Journal of Personality，1972，40：523-43.

[10] Mehrabian A，Young A，Sato S. Emotional empathy and associated individual differences [J]. Current Psychology：Research and Reviews，1988，7（3）：221-240.

[11] Davis M H. Measuring individual differences in empathy：Evidence for a multidimensional approach [J]. Journal of Personality and Social Psychology，1983，44（1）：113-126.

[12] Davis M H. A multidimensional approach to individual differences in empathy [J]. JSAS Catalog of Selected Documents in Psychology，1980，10：85-104.

[13] Yarnold P R，Bryant F B，Nightingale S D，et al. Assessing physician empathy using the interpersonal reactivity index：A measurement model and cross-sectional analysis [J]. Psychology Health & Medicine，Health & Medicine，1996，（2）：207-221.

[14] Baron-Cohen S，Wheelwright S. The empathy quotient：an investigation of adults with Asperger syndrome or high functioning autism，and normal sex differences [J]. Journal of Autism and Developmental Disorders，2004，34（2）：163-175.

[15] Wakabayashi A，Baron-Cohen S，Wheelwright S，et al. Development of short forms of the Empathy Quotient（EQ-Short）and the Systemizing Quotient（SQ-Short）[J]. Personality and Individual Differences，2006，41：929-940.

[16] Dovidio J F，Allen J L，Schroeder D A. The specificity of empathy-induced helping：Evidence for altruistic motivation [J]. Journal of Personality and Social Psychology，1990，59：249-260.

[17] Dziobek I，Rogers K，Fleck S，et al. Dissociation of cognitive and emotional empathy in adults with asperger syndrome using the multifaceted empathy test（MET）[J]. Autism Dev Disord，2008，38：464-473.

[18] Gesn P R，Ickes W. The development of meaning contexts for empathic accuracy：Channel and sequence effects [J]. Journal of Personality and Social Psychology，1999，77：746-761.

[19] Marangoni C，Garcia S，Ickes W，et al. Empathic accuracy in a clinically relevant setting [J]. Journal of Personality and Social Psychology，1995，68：854-869.

[20] Ickes W，Bissonnette V，Garcia S，et al. Implementing and using the dyadic interaction paradigm [J]. Review of personality and social psychology，1990，11：16-44.

[21] Maner J K，Luce C L，Neuberg S L，et al. The effects of perspective taking on motivations for helping：Still No Evidence for Altruism [J]. Personality and Social Psychology Bulletin，2002，28（11）：1601-1610.

[22] Kennifer S L，Alexander S C，Pollak K I，et al. Negative emotions in cancer care：Do oncologists' responses depend on severity and type of emotion? [J]. Patient Education and Counseling，2009，76（1）：51-56.

[23] Fabes R A，Eisenberg N. Behavioral and physiological correlates of children's reactions to others in distress [J]. Developmental Psychology，1993，29（4）：655-664.

[24] Levenson R W，Ruef A M. Empathy：A physiological substrate [J]. Journal of Personality and Social Psychology，1992，63：234-246.

[25] Marci C D，Ham J，Moran E，et al. Physiologic correlates of perceived therapist empathy and social-emotional process during psychotherapy [J]. Journal of Nervous and Mental Disease Baltimore，2007，195（2）：103-111.

[26] Oberman L M，Hubbard E M，Mccleery J P，et al. EEG evidence for mirror neuron dysfunction in autism spectrum disorders [J]. Cognitive Brain Research，2005，24（2）：190-198.

[27] Völlm B，Richardson P，Stirling J，et al. Neurobiological substrates of antisocial and borderline personality disorder：preliminary results of a functional fMRI study [J]. Criminal Behavior and Mental Health，2014，14（1）：39-54.

[28] Fan Y，Han S. Temporal dynamic of neural mechanisms involved in empathy for pain：An event-related brain potential study [J]. Neuropsychologia，2008，46：160-173.

[29] 金瑜 . 心理测量 [M]. 上海：华东师范大学出版社 . 2005.

[30] Hojat M，Mangione S，Nasca T，et al. An empirical study of the decline in empathy in medical school [J]. Medical Education，2004，38（9）：934-943.

[31] 杨辉，邱玉芳，宋丽萍 . 临床护理人员共情能力评价指标体系的初步研究 [J]. 护理研究，2007，21 (33) ：3072-3074

[32] Williams J，Stickley T. Empathy and nurse education [J]. Nurse education today，2010，30：752-755.

[33] Pedersen R. Empirical research on empathy in medicine—A critical review [J]. Patient education and counseling，2009，76：307-322.

5 共情与心理障碍

惟有恰如其分的感情才最容易为人们所接受、所珍惜。

——蒙田

第一节 孤独症谱系障碍的共情问题

一、正常儿童的情绪发展

婴儿的情绪从出生开始就在不断地发展当中，而最初的情绪是生理的需要和本能所引发的，也就是人类的基本情绪，如害怕、高兴、愤怒等，随后逐渐发展出社会化的情绪，如嫉妒、焦虑等。

在情绪的感知方面，1 ～ 3 岁的幼儿开始由基本情绪向更高级的社会情绪发展，而在 2 岁左右是社会性情绪发展十分迅速的阶段。4 ～ 5 岁的时候，儿童能够开始判断出引起基本情绪的原因，具有观察和解读他人心理和情绪的能力。6 ～ 7 岁的时候，儿童还不能辨别同时产生的两种情绪，只能按顺序进行描述，如先是害怕，后来高兴了。到了 10 岁左右的时候，儿童能够体验到同时存在的两种情绪，比如既高兴又难过。

儿童情绪的发展除了情绪感知之外，还逐渐发展出情绪的表达能力、情绪理解能力和情绪调节能力，这些能力的发展与年龄、性别等因素有较大的关系。

二、孤独症谱系障碍的表现

1943 年，美国儿童精神病学之父 Leo Kanner 提出了“孤独症”这一概念，他将其描述为以情感交流障碍为主要特点的一类儿童期的疾病。当时认为其以“Kanner 三联征”为核心表现，包括语言交流障碍、社会交往障碍和刻板重复行为，Kanner 也把这些症状称为“孤独症情感交往紊乱”。1978 年，Rutter 对孤独症特征总结为非智力原因导致的社会交往延迟或者偏移、沟通障碍、不同寻常的行为（如刻板动作）。患儿一般在 3 岁之前表现出症状——语言发展缓慢、与人交流困难。

孤独症（孤独症）谱系障碍（autism spectrum disorders，ASD），也被称为儿童广泛性发育障碍（pervasive developmental disorder，PDD），是神经发育性障碍。这类障碍是以语言交流障碍和行为异常为特征的一组发育性障碍。这个谱系的障碍包括北美精神障碍诊断与统计手册的第 4 版（DSM- Ⅳ）中的孤独症、阿斯伯格综合征或未在其他处注明的全面发育障碍。

在最初发现这类存在情感交流困难的儿童时，人们认为是由于父母错误的养育方式造成的，因此曾经将这些儿童的父母命名为“冰箱父母”，这也让孤独症儿童的家庭承受了很大的精神压力。直至上个世纪 60 年代，经过大量研究才发现，孤独症谱系障碍的患儿并非由于“冰箱父母”所造成的，而是婴儿初期的有生理基础的一类疾病，与父母的养育方式并无直接关系，生物学因素尤其是遗传因素对此类疾病的发病有着非常重要的作用。因此，孤独症（ASD）诊断依据通常是症状出现于发育早期，并会导致社会交往、职业等方面的损害，同时，孤独症的症状是由于智力发育障碍或全面发育迟缓所导致的。孤独症的主要临床表现点是社会交往障碍、情绪障碍和行为障碍。

（一）社会交往障碍

社会交往障碍是孤独症患者最主要的特征，他们对社会性情感很难理解和感知，在分享经验和情绪情感方面存在明显障碍。女性孤独症患儿的患病率通常比男性患儿低，然而女性患儿的社会交往障碍常比男性患儿更严重。

在很多场合下，孤独症患者的人际沟通、社交互动存在着持久性的缺陷。他们存在异常的社会交往形式，患儿无法与同龄伙伴建立友谊，也不能通过相互的对话与他人分享兴趣。孤独症患者通常难以启动社会交往活动，无法与他人产生互动。而且他们在需要与他人互动的活动中，很难使用非言语交流，通常会出现异常的眼神接触如回避，或者异常的身体语言，此外，孤独症患者也在理解和使用手势方面存在缺陷，部分或完全缺乏面部表情和非语言交流的形式。

孤独症患者在发展、维持和理解人际关系方面也存在缺陷，难以调整自己的行为和状态来适应社会交往的需要，难以和他人分享想象中的游戏，也会存在交友困难或者缺乏交往的兴趣。

（二）情绪障碍

孤独症儿童通常表现出情感上的冷漠，对别人漠不关心，不会从父母那里寻求情感安慰，也不会表达自己的情绪需求。研究发现，孤独症的儿童很难确定自己的基本情绪，如开心、愤怒、悲伤和恐惧，并且对情绪概念很难理解。

（三）行为障碍

孤独症儿童可能会有不同程度的行为上的障碍，重复刻板的行为模式，例如刻板或者重复的躯体运动、模仿言语或者特殊短语；坚持相同的或者仪式化的行为习惯，稍有变化就会非常痛苦，也有的每天需要走相同的路线或吃相同的食物；兴趣固定，专注力异常地增高；感觉高度敏感，如对声音或者疼痛感觉异常。

（四）早期表现

在天津市进行的1.5 ~ 3岁儿童孤独症的现患状况调查中发现[1]，“头围增大”“无假扮游戏”“无食指指灯”“对小朋友不感兴趣”“不会正常玩玩具”“不向他人显示感兴趣的东西”以及“拒绝模仿”这7项指标更可能是孤独症的早期表现。可见，患儿在早期就已经表现出情绪发展的障碍。

三、孤独症谱系障碍的共情特点

情绪共情是指对他人情绪状态的替代性分享和自动模仿，感知他人的情绪，这是个体社会交往的非常重要的功能，其中包括对他人情绪状态的自动感知和自动模仿两方面。一般认为，共情是指对他人情绪、情感和心理活动的理解，并且能够对他人的行为进行合理推测的过程，这个过程中认知起着重要的调节作用，伴随一定的行为反应。共情是一种动力，通过共情个体可以共享其他人的感受，从而预测他人的行为。共情的人是处于一种情绪状态的，而且与另一个人的情绪是同一种形式的，也是通过观察或者模仿另一个人的情绪而产生的，产生共情的人能意识到自己当前情绪产生的原因在于他人而非自身，而孤独症患者在共情方面存在明显的缺陷，而共情缺陷也成为该类疾病的核心特点。

大量皮肤电指标、面部表情识别、情绪唤醒等研究表明，孤独症儿童存在着共情功能的缺陷。有研究发现高功能孤独症个体对某些基本情绪如高兴、害怕反应很强烈，然而这并不代表他们的共情能力正常，他们仍然缺乏对他人想法、意图的理解能力。这一缺陷可能源自于孤独症儿童情绪理解和表达的功能障碍，而这方面的缺陷使得他们无法通过理解他人的情绪状态和非语言信息所表达的情绪来预测他人的行为和体验他人的感受，也无法理解欺骗、讽刺等相对复杂的人际交往现象。

孤独症儿童尽管也能有与正常人同样的基本情绪，比如高兴、悲哀、生气和恐惧等，然而却难以像正常孩子那样去表达，也难以理解自己的情绪。这种情绪上的缺陷还表现为对社会性情绪如内疚、孤独、骄傲甚至害羞等情绪的感受和表达困难，对于他们来说理解他人的这类情绪也很难，而这会更加导致他们很难融入到社会活动和人际交往当中。

有研究对孤独症儿童的共情能力进行了研究，结果发现孤独症儿童对情绪表情的自动模仿及感知能力显著低于普通儿童。这可能是由于患儿对情绪表情的注意方式异常有关，他们对眼部、嘴部的注视时间比及注视点数比明显低于普通儿童，在基本情绪的反应上，他们对高兴和悲伤表情的注意较多而对恐惧则较少。

而孤独症患者共情能力的不足也与他们对面部表情的注意方式不同有关。在对 12 ~ 16 岁孤独症儿童研究发现 [2]，他们对高兴、悲伤表情的注视时间相对较长，因而对此种表情识别能力较好，对愤怒和恐惧表情识别最差，关注时间也相对较短。如果眼部的信息被削弱的话，他们对任何表情的关注度都会降低，同时也会将注意过多地关注在嘴部信息上。孤独症儿童存在情绪共情障碍，也会对表情面孔采取回避策略，在情绪产生的早期这种回避就已经出现了。因此由于注意方式的异常，表情不能唤起他们的生理反应，这就更阻碍了共情能力的发展。

四、孤独症儿童共情相关理论

共情相关理论经历了几个阶段的发展，从最初的“心盲”理论到极端男性脑理论，经过大量研究，形成了最终的孤独症共情－系统化理论。

（一）“心盲”（mind blindness）理论

英国剑桥大学孤独症研究中心的 Baron-Cohen 等 [3] 提出孤独症儿童存在心理发展迟滞，并提出了“心盲”相关理论。经过大量研究表明，18 个月的婴儿如果存在联合注意缺失是可以预测孤独症的。孤独症儿童除了缺乏联合注意之外，在假扮角色游戏上也存在缺陷。

该理论认为这种联合注意缺陷使得孤独症儿童难以理解别人语言的含义，因此也就解释了其语言障碍和社会交往障碍的原因，不过，心盲理论还无法解释孤独症患儿对其他人的情绪反应存在缺陷的问题。

（二）极端男性脑（extreme male brain）理论

Baron-Cohen[4] 后来提出了孤独症的极端男性脑理论，他提出的男性脑理论是指的一种长于理性和逻辑，而在感性和共情方面相对弱势的大脑特征，因为男性经常具有这种特征，因此成为男性脑。而在孤独症个体的共情水平甚至要低于一般男性，因此认为孤独症的低共情能力的表现就是这些极端男性脑的心理特征的体现，并且提出共情缺损是孤独症患者社会交往障碍和沟通障碍的主要原因，很难理解语言和非语言的心理背景，从而也难以理解别人的行为和意图，从而做出恰当的反应。此外，Baron-Cohen 的研究中也发现孤独症患儿的特征与胎儿睾酮（FT）和雄性激素的相关基因有关。

（三）孤独症共情 – 系统化理论

2006 年，Baron-Cohen[5] 通过研究发现孤独症个体的系统化功能没有受到损害，甚至超过正常人，因此提出了孤独症共情的系统化理论，即孤独症患者是通过分析系统变量，来推导支配系统活动的基本规则。共情系统化理论认为，孤独症个体之所以固执于某个活动，是因为他们对这个活动所涉及的系统感兴趣，通过成百上千次的观察是为了找到系统的规则。

（四）中央统合理论[6]

该理论认为，孤独症患儿无法将各部分信息整合为一个统一的整体信息的能力所致，这种能力的缺陷也会使患儿无法整体理解别人情绪而产生共鸣。由于信息的整合能力下降，使得他们无法敏锐地捕捉到他人情绪方面的细节信息，或是采取了主动忽视的策略所引起的。也有的研究显示孤独症患者具有完整的中央统合能力，在有足够规则的信息下，他们的统合能力可能是超常的，但是速度要低于常人，因为需要统合所有的方面，这样会导致他们的共情障碍。

五、孤独症谱系障碍共情能力的训练

由于导致孤独症患儿社会交往缺陷的原因之一是基本情绪发展障碍，而患儿的这种基本情绪的发展障碍是无法随着年龄的增长而自然发展的，因此只能通过特殊的训练来提高他们的情绪识别和表达能力。然而，目前还没有提高孤独症患儿共情能力的系统训练方法，只是在不同的疗法中纳入情绪理解、促进人际交往的内容，以期提升孤独症患者的人际交往技能。

（一）人际关系发展介入疗法

人际关系发展介入疗法（relationship development intervention，RDI），又称“人际关系发展干预活动”，由 Steven Gustein 博士[7]提出。在研究、治疗孤独症儿童的过程中，因为不愿意受到传统干预疗法的局限，他和妻子花费了近 10 年，发展出了 RDI 疗法，使孤独症儿童和阿斯伯格综合征儿童社交及情绪方面得以成长，目标是通过培养和提高孤独症患儿对他人心理状态的解读能力，从而提高与他人的情感互动能力。该疗法针对孤独症患儿的 6 方面缺陷：使用陈述性语言沟通、运用情感反馈系统与他人分享体验、社交信息的处理、根据别人的行为调整自己行为的社会性调适能力、根据情境变化灵活思维的能力、根据经验预测和总结的能力。

RDI 疗法针对孤独症患儿的核心社交缺陷制订了多个功能和技能目标，采用逐步递进的训练方式，根据难易程度分为新手、学徒和挑战者三个级别。该疗法以训练师参与、生活情景设置为基础，实施者是患儿的父母或者专业的干预人员，有各种互动游戏如捉迷藏、对话活动、抛接球等。实施者要使用夸张的语言、动作等方式来吸引孤独症儿童的注意力，让孤独症患儿对活动和他人产生兴趣，激发孤独症患儿人际关系的主动性，提升人际关系能力的水平。

（二）音乐治疗

音乐治疗的作用具有心理和生理两方面。在生理功能上，音乐声波作用于大脑边缘系统和脑干网状系统，对人的躯体和脏器功能起到调节作用。在心理功能上，音乐通过节奏、旋律等要素形成复合的听觉刺激，可以使个体产生情感上的共鸣。在体验音乐过程中，被治疗者的情绪、行为及思想观念上会产生不同程度的改变。

孤独症儿童常在音乐方面有着超凡的乐感和辨音能力，他们对音乐刺激偏好，并且音乐能够作为正面的感觉强化而防治他们的自我刺激。音乐还可以增强孤独症儿童的信心，促进他们与他人之间的非语言交流，也可以让他们通过音乐起到情感宣泄的作用。对于孤独症儿童的情绪障碍，音乐治疗可以帮助他们缓解不安、恐惧的情绪，使他们愿意与社会和他人交流。音乐疗法通过训练孤独症儿童的听觉识别能力、促进语言和非语言的沟通与体验，并能够增进社会情绪的发展。

（三）绘画治疗

绘画的治疗意义在于可以使个体通过非言语的方式表达出潜意识的内容，并对自己的内在情感进行体验，做出反思和修正，以此来改善患者自身的心理状态及精神状态。在孤独症的绘画治疗中，治疗师需要充分尊重患儿的体验，并且能够融入其中，激发患儿与他人交流的意愿。

由于孤独症患儿病情程度不同，共情能力也会存在很大差异。所以，需要根据不同情况，采取有针对性的策略对孤独症病人进行共情能力的提升。方法不是唯一的，也不是固定不变的。

第二节　反社会型人格障碍的共情问题

案例：山姆之子

1977年夏天，纽约。一个自称“山姆之子”的连环杀手已经在此出没了一年。

“山姆之子”专门狙杀约会中的情侣，往往隐藏在小暗巷中趁情侣们缠绵时从车窗向女方射击。在一次作案后，柏克威兹在现场给警方留下一封信，称自己是个怪物，是“山姆之子”，并称自己的父亲“山姆”是一个嗜血的怪物，他从小受到父亲的监禁与虐待。现在，老山姆已经老了，所以自己是受到他的指使，为他收集血液。“山姆之子”此后作案一定留下记号，并且持续给报纸和各类专栏作家写信。

在最后一次作案的时候，他把车子停在迪斯科舞厅不远处的一个禁停区，因此被开了一张罚单，警方据此顺藤摸瓜。1977年8月10日，大卫·柏克威兹在扬基市被警方拘捕。据说当时他非常冷静，反问警员：“你们终于抓到我了。是什么事儿让你们耽搁了这么久？”

被捕后，在FBI资深特工的盘问下，他承认所谓的魔鬼山姆只不过是自己编造出来的故事，将来一旦被抓，能够以精神错乱为由逃脱法律的制裁。问他为什么要那么做。得到的答案是：我就想那么做，我就是觉得杀了他我很高兴。他在作案后不会产生愧疚，反而会因为罪案过程中所感受到的扭曲的快感而继续作案，并且在被捕后依然安之若素，丝毫不觉得杀人有任何不妥之处。

“山姆之子”真名为大卫，他的童年充满缺陷和不安，母亲常年卧病，情绪不稳定，对年幼的大卫时好时坏。他曾试图去毁灭那些比他弱小的动物，如把氨导入鱼缸中，看鱼肚皮翻白浮起水面的样子。也曾故意用强酸泼向小鸟，看它们的临死挣扎。

一、反社会型人格障碍的表现

1801 年法国学者 Pinel 报告的“不伴妄想的躁狂”的案例是对反社会型人格障碍最早的描述与分类，在该案例中，一位法国农民在某次愤怒发作时将一农妇投入井中，这个人是由软弱的母亲抚养长大，幼年时母亲对他有求必应，成年后娇纵跋扈，稍不如意就暴怒，甚至踢狗打马[8]。历史上人们对反社会型人格障碍的认识，主要体现在两个方面，一方面是其行为对他人和社会的危害(犯罪)，另一方面是人格上的“变态”。各种不同的名称实际上也表明了人们对其认识在这两个方面的各有侧重或者摇摆。当侧重于对社会的危害时，反社会型人格障碍往往与犯罪行为有很大的重叠；但侧重于人格上的异常时，就会更多地体现在情绪上的不稳定、人际冲突、冲动行为等。

反社会型人格障碍是以行为不符合社会规范、经常违法乱纪、对人冷酷无情为特点的一类人格障碍，男性多于女性[9]。最突出的特征是经常发生违反社会法律和规范的行为；表现为工作不良，婚姻不良，酒精与药物滥用，情感肤浅、无情、自我中心，不诚实、欺骗、作弄他人，冲动性、攻击性及法律问题等，在人格发展过程中未能养成公德心，不能遵纪守法。

这种人虽然从小就常有撒谎、逃学、打架等不良行为，但在初次接触时其外表却常不令人讨嫌，甚至有讨人欢喜的外貌和表情，对异性尤其如此。他们通常对自己的违法乱纪行为并不感到焦虑或内疚，常被不了解的人们认为这是“无心的”，或者是“理所当然的反应”。此类人没有幻觉、妄想和思维障碍。口才常不坏，因而会使人上当受骗，为其所用。

反社会型人格障碍的发生率在我国尚未见统计数字，而根据 DSM- Ⅳ -TR 的流行病学调查，在美国男性有 4% ～ 6%，女性有 1% 患有反社会型人格障碍。其与犯罪行为有着很高的重叠，在押犯人中的发生率甚至可高达 70%[10]。贫困和缺乏文化教养的社区中其发生率较高，家族成员中有同类情况者也较多。

反社会型人格障碍者重新犯罪率非常高，有研究发现，反社会型人格障碍者三年之内的重新犯罪率为 65%，而非反社会型人格障碍者为 25%[11]。对于反社会型人格障碍的发生，由于其不仅具有重要的心理病理意义，也具有重要的社会学意义，因此一直备受关注。

从临床诊断上来看，反社会型人格障碍的诊断必须符合人格障碍的一般诊断标准，并且其违纪行为必须是多次的，而不是偶然的。除此以外，还有在其他方面的不良行为，例如违反社会公德，但未达到犯法程度。另外，由于这种人善于言辞，所以即使有经验的医生，有时也不免受其迷惑。必要时应反复检查，以发现其前后矛盾之处。

DSM-5 对于反社会型人格障碍的诊断标准（表 5-1）。

表 5-1 DSM-5 反社会型人格障碍的诊断标准

A．一种漠视或侵犯他人权利的普遍心理行为模式，始于 15 岁，表现为下列 3 项（或更多）症状：
（1）不能遵守与合法行为有关的社会规范，表现为多次做出可遭拘捕的行动。
（2）欺诈，表现为为了个人利益或乐趣而多次说谎，使用假名或诈骗他人。
（3）冲动性或事先不做计划。
（4）易激惹和攻击性，表现为重复性的斗殴或攻击。
（5）鲁莽地不顾他人或自身的安全。
（6）一贯不负责任，表现为重复性地不坚持工作或履行经济义务。
（7）缺乏懊悔之心，表现为做出伤害、虐待或偷窃他人的行为后显得不在乎或合理化。
B．个体至少 18 岁。
C．有证据表明品行障碍出现于 15 岁之前。
D．反社会行为并非仅仅出现于精神分裂症或双相障碍的病程之中。

罗伯特・迈耶[12] 总结了对反社会型人格研究的结果，认为反社会型人格障碍患者有几项主要特征：① 对于令人恐惧的图像其生理反应（心电、肌电等）更少；②对于社会不赞许的心理反应较少；③ 对于包含情感的词语的心理反应较少；往往有认知反应而无情感反应；④即便认识到会有负面的结果，但仍会固执地坚持；⑤有证据表明其大脑皮层发育不成熟；⑥高水平的寻求感觉刺激和兴奋的行为。

反社会型人格障碍的概念常常会与犯罪人格、精神病态相混淆。犯罪人格是一个社会学的概念而不是精神科的诊断分类，它包括了与犯罪行为相关的一系列不同的人格特点[13]，而反社会型人格障碍只是其中的一种。

比较反社会型人格障碍与精神病态之间的异同，会发现两者存在很大的重叠，但是反社会型人格障碍的诊断主要是基于可观察的行为，而精神病态更着重于基本的人格特点和情绪、情感。并且在精神病态中，有一些条目与边缘型人格障碍、表演型人格障碍、自恋型人格障碍是相重叠的。犯罪行为、反社会型人格障碍和精神病态之间的关系可总结如图 5-1。

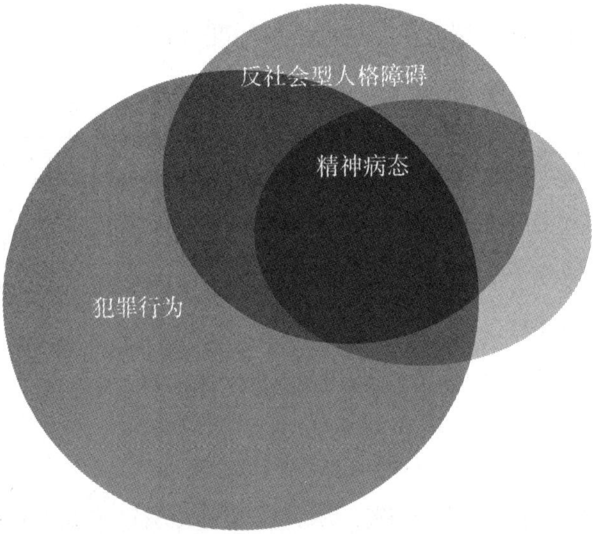

图 5-1　反社会型人格障碍、精神病态与犯罪行为的关系

如图 5-1 所示，大约有 30% 左右的犯罪者符合反社会型人格障碍的诊断，但并不是所有反社会型人格障碍患者都会犯罪。相当一部分的精神病态者同时符合反社会型人障碍的诊断，因此可以认为这部分精神病态是反社会型人格障碍的一个亚型，但也有一部分精神病态者还具有其他人格障碍的特点，而也有相当比例的精神病态者并没有犯罪行为。

二、反社会型人格障碍的成因

有关神经生物学因素影响反社会型人格障碍形成的主要有两个假说，“低唤醒水平假说”（underarousal hypothesis）和“恐惧感缺乏假说”（fearlessness hypothesis）。对此，Barlow[14] 做了以下归纳：

根据低唤醒水平假说，反社会型人格障碍患者特征性的皮质兴奋水平是导致他们的反社会性以及喜欢冒险行为模式的主要原因。由于反社会型人格障碍患者兴奋的唤醒水平异常低下，他们寻求刺激以使自己兴奋起来。一般人通过与朋友打电话或者看电视就能获得的足够的兴奋水平，反社会型人格者则须要通过撒谎、吸食毒品、脱逃或者犯罪行为才能获得。这种假设得到了一些研究的支持，例如，Raine 等发现，在他们所调查的那些 15 岁的研究对象中，中枢神经系统以及自主神经系统存在明显差异，那些后来犯罪的研究对象的皮肤导电率比较低，休息的时候心率比较低，有较多的低频脑电波的活动明显慢，这些都提示了他们大脑的兴奋水平较低。

根据恐惧感缺乏假说，精神病态者感到恐惧的阈值高于绝大多数正常人。也就是说，那些让正常人非常恐惧的事情对精神病态者仅仅有很少（甚至没有）的影响。赞成恐惧感缺乏假说的学者认为，精神病态者的这种恐惧感的缺乏是引起其他一切症状的根源。很多研究发现，那些因反社会行为被逮捕的精神病态者在面对令人厌恶的惩罚性事件时表现出令人惊异的缺乏恐惧的反应，而且当表达恐惧的脸与那些表达快乐、惊讶、厌恶或生气的脸一起出现时他们难以识别出前者。这些特性可能会使他们的行为更鲁莽[14]。

关于神经生化改变与反社会型人格障碍的研究认为，反社会型人格障碍其神经递质（中枢 5- 羟色胺）和单胺氧化酶功能降低与其冲动性暴力攻击行为密切相关，无论攻击行为是指向自己（自杀）还是他人[15]。

精神分析学家认为反社会型人格产生于亲子关系的失调，是超我的发展不完善造成的。一个孩子接受父母的价值观并把它变成自己的价值观时，他的超我趋向成熟。而一个受虐待、得不到爱护与照顾的孩子会抵制父母，拒绝承认社会规范，因而超我发展受到阻碍，形成反社会型人格。薄弱的超我与反社会型人格有内在的联系。Cleckley 的精神病态标准中包括的不可靠，不诚实，缺乏自责或羞耻，缺乏判断力、洞察力，行为冲动等特征与薄弱的超我的特征实际上是一致的。

Andrews[16] 归纳了薄弱的超我的一些典型特征，包括：①不计后果，无视传统的规则与程序；②反社会认知或亲犯罪情感（缺乏良心）；③几乎没有一生的计划，薄弱的传统抱负（缺乏自我理想）；④几乎没有罪责感；⑤较早表现出持续的和普遍的行为问题；⑥虚张声势、轻浮以及好出风头；⑦与权威人物的冲突（早期没有得到解决的冲突与挫折）；⑧基本上与他人分离，反映出实质上的孤立、无爱以及令人绝望的孤独。从这些描述可以看到，这些薄弱超我的特点与精神病态以及反社会型人格障碍的特点是非常相似的。

认知理论认为，反社会型人格障碍者之所以极度自我中心，对人、对事缺少责任感与羞耻心，是由于他的认知结构与别人不同，是其认知范式歪曲或夸张的产物。

另一些学者则关注反社会行为者的认知观念对其行为的影响，例如，Dodge 和 Frame[17] 认为，所有的孩子都会形成引导他们行为的行为脚本，反社会型儿童形成了攻击型和反社会型的行为脚本，而亲社会行为脚本则很少。Vernberg 等 [18] 发现，青少年中的攻击行为与下列 3 个关键信念有关：①攻击行为是合法的、正当的；②攻击行为能够提升权力和尊重；③一个人在打架时不应该受到干涉。Liau 等 [19] 发现特定的信念会导致特定的行为。有些反社会信念（例如有时候人是应该被打的）往往与公开的反社会行为相关。相反地，与隐秘行为相关的信念（例如如果一个人不小心丢了钱包，那他就是活该）常常导致隐秘的反社会行为。而这些信念与反社会型人格的形成密切相关。

有些学者从社会环境（尤其是家庭环境）中寻找反社会型人格形成的原因。他们认为大规模的社会过程使某些社会群体处于优势地位，而另一些社会群体处于弱势地位是导致人格障碍产生的原因 [14]。Henry 等 [20] 发现，12 岁时的孩子如果家里缺少情感亲密性和亲子关系较差，可以预测其 17 岁时的暴力行为或犯罪行为。这个年龄段的孩子如果有暴力倾向的同伴也可以预测后来的暴力性或非暴力性的犯罪行为。Farrington[21] 的研究表明，父母亲是罪犯、生活在低智商或者受教育程度低、少女妈妈以及破裂的家庭或大家庭等因素能够预测 40 岁时的反社会型人格障碍。此外，家庭因素还会造成与精神变态有关的情感匮乏。

一些学者研究了非家庭因素对反社会型人格及反社会行为的影响。Sampson 等 [22] 在芝加哥进行了一项关于该地区居民是否互相帮助的调查。结果发现，邻里之间相互信任、相互帮助的程度与暴力犯罪之间呈反比关系。这项研究指出，家庭以外的社会因素也会影响反社会型人格障碍相关行为的发生。Borduin[23] 认为，下列非家庭因素与反社会人格的形成密切相关：第一，同伴关系。与不正常的同伴频繁接触，很少与亲社会的同伴接触。第二，学校因素。学业成绩差、辍学、受教育责任感不高、学校教学质量和组织性较差。第三，邻里及社区关系。犯罪性亚文化，居民有组织的活动较少、社会支持低、流动性强。

三、反社会型人格障碍的共情特点

Henrik Soderstrom[24] 综述了目前对反社会型人格障碍（精神病态）和其他

共情相关的心理障碍研究之后，发现作为一种童年期早发的心理障碍（反社会型人格障碍的诊断要基于15岁之前存在品行障碍），与其他童年期发生的发展性心理障碍如孤独症谱系障碍，注意缺陷多动障碍具有类似的症状和脑功能改变，而孤独症谱系障碍和注意缺陷多动障碍也具有共情缺陷。因此，Henrik Soderstrom提出反社会型人格障碍是一种共情障碍，其主要的特征是心理化（mentalising）问题、情绪障碍（emotional disturbances）、社会脑功能障碍（social brain dysfunction）（包括杏仁核、海马、腹侧回和眶额皮层，这些脑区调解着多巴胺的活性），以及性格成熟缺陷（poor character maturation）。

Dolan和Fullam[25]由meta分析发现，低认知性共情水平与攻击行为有关，但是反社会型人格障碍的病人看起来在通过面部表情读懂别人情绪能力的方面没有困难。而Blair[26]发现，反社会型人格的人处理面部情绪表达（如害怕、悲伤和厌恶时）的能力有损害，而处理愤怒、惊讶或快乐则没有损害，这可能是杏仁核功能障碍的结果。因此他认为聚焦于提高反社会型人格障碍者的共情能力可能可以改善其长期预后。

Smith[27]提出了反社会型人格障碍的情绪共情缺陷理论，认为反社会型人格障碍存在有情绪共情缺陷障碍（EEDD），即情绪共情低，认知性共情高。有情绪共情缺陷障碍的人能理解他人的心理状态和行为，对社交没有困惑，有很好甚至很强的社交技能，很迷人，但不能分享他人的情绪。他们擅长操纵、伪装和欺骗，他们的认知情绪能力使得他们对他人的情绪很敏感，但他们的行为不受情绪的限制。因此表现得自私，会伤害和剥削他人。因此很难形成持久的友谊，对性伴侣不公平。

Smith虽然根据前人研究提出了该理论模型，但并未通过实证研究来证明他的理论观点。徐凯文[28]的研究通过量表评定、半结构访谈、事件相关电位对该理论进行了深入的实证研究，发现虽然反社会型人格障碍的受试者存在明显的情绪共情缺陷，但其认知性共情同样存在缺陷，因此提出了反社会型人格障碍患者的共情损害的双缺陷模型（DEDD），并提出共情缺陷是反社会型人格障碍的核心症状，反映在观点采择上得分较低。而情绪共情的两个维度出现了相反的情况，表现为共情性关注（EC）得分较低，而自身痛苦（PD）得分较高。共情性关注是对他人温暖、热情和关注的反应。自身痛苦是指在观察到他人的负性经历时，所亲身体验到的焦虑和不舒服。共情性关注和自身痛苦都反映了对他人的负性经历的情绪反应[29]，反映了情绪共情。

通过进一步研究发现，情绪共情对反社会型人格障碍具有预测作用。自身痛苦得分越高，反社会型人格障碍得分就越高；而共情性关注得分越高，反社会型人格障碍得分就越低。造成这种现象的可能原因是这两个维度的指向是有所区别的：共情性关注通常指向外部，指向他人或受害者；而自身痛苦通常指向个体内部，是指向自己的。

发展心理学的研究发现人的共情的不同成分（维度）形成和发展的进程并不是同步的。自身体验到的困扰是更早发的成分，而共情性关注和观点采择则在婴儿开始有自我概念，能区分自己与环境、自己与母亲/他人之后才开始发展出来[30-31]。胡金生和杨丽珠[32]采用图片故事和情境实验，对3～9岁儿童共情指向性的发展及不同语言提示对助人行为的作用进行了探讨。研究发现3～5岁幼儿自我指向的自身痛苦（PD）占优势，5岁以后他人指向的共情性关注（EC）开始超过自身痛苦（PD）而占优势；他人关注组的助人行为优于自我关注组和对照组，自我关注组和对照组前、后测成绩差异不显著，他人关注组后测成绩优于前测成绩。

四、反社会型人格障碍共情能力的训练

由于反社会型人格障碍的病因尚不清楚，目前尚缺乏有效治疗措施[33]。将这些人集中起来，使他们相互进行帮助，可以收到一定的效果，但不能长期维持。监禁只可减少其对社会的危害，对其本人常没有改造作用。精神药物可减轻其继发性的焦虑、抑郁症状，可减少其冲动行为的严重程度。这种人的犯罪行为在法律上仍须负完全责任。

这类人格障碍者似乎不能体会别人的感受，也不会对自己的行为感到有罪恶感或自责；惩罚对于他们似乎不起作用[34]。让来访者进入治疗，然后以有意义的方式参与治疗，对反社会型人格障碍总是很棘手的，也鲜有成功，绝大部分的反社会型人格障碍既不会因为环境，也不会因为治疗技术而发生明显的变化[12]。无论是男性还是女性，其长期的预后不佳[14]。绝大多数临床医生对反社会型人格障碍的成年患者的治疗效果表示悲观，事实上没有几个成功的治疗案例[14]。

对反社会型人格障碍患者进行心理治疗的主要困难在于：

（1）此类人缺乏治疗动机，一般没有寻求帮助或治疗的意愿。当遭遇婚姻解体、工作冲突、或者监禁时，他们可能会被迫接受治疗，接受治疗者大约占到1/4[47]。

（2）患者缺乏改变的愿望或意识，容易放弃治疗，喜欢归因于他人，不愿意承担责任（对自己的行为不负责任正是反社会型人格障碍的症状之一）。

（3）由于其具有情绪容易冲动、有很强的攻击性、对他人不信任、害怕亲密关系，甚至以欺骗为乐的心理特点，他们很难与他人建立和维系持久的人际关系。

由于已经发现反社会型人格障碍患者存在明显的共情缺陷，设计针对反社会型人格障碍共情缺陷的团体心理干预方案来对反社会型人格障碍的共情缺陷进行干预，能够对他们的治疗或矫正有帮助。共情干预方案能有效地提高反社会型人格障碍者的认知性共情和情绪共情能力，并有利于反社会型人格障碍的矫正。通过团体干预反社会型人格障碍的共情缺陷对其进行心理矫正在研究中，已经被证明是有效的。干预的基本假设是：①共情缺陷是反社会型人格障碍患者的核心问题，因此，进行共情能力的提升有利于减少反社会行为问题；②反社会行为是对环境模仿和适应的结果，人格障碍是对创伤性的环境和经历的不适应和危害社会与他人的心理防御，改善其创伤性心理体验，有助于改善其反社会型人格问题。

1．团体干预方案的设计　干预方案设计基于反社会型人格障碍患者共情缺陷的特点，表现为认知性共情和情绪共情能力的低下，其中情绪共情的损害尤为严重。设计参考了国外的共情训练方案[35]，以及国内冀云[36]对暴力型未成年犯攻击性的团体心理干预研究，陈翊[37]对大学生进行共情训练的方案。干预方案还结合了访谈中所了解到的反社会型人格障碍的特点进行了专门的干预设计。此外，根据受试者大多文化程度较低，但年龄比较轻的特点，本干预方案以行为训练为骨架，辅以讨论、分享[28]。

由于反社会型人格障碍患者存在对他人不信任、缺乏合作能力、难以从他人立场看问题、情绪容易波动、容易与他人发生冲突等特点，因此干预活动内容采取不同的活动方式，通过多种技术手段，例如播放相关电影、开展辩论比赛、进行访谈角色扮演录像、学唱手语歌等形式，让受试者增加投入感，鼓励受试者自我表达，学习分享及思考自我的问题。

2．干预过程和领导者的角色　整个干预包括 8 次活动，分为四个阶段：第一阶段为初始阶段，主要是小组建立，并初步形成小组成员之间的温暖信任关系。在这一阶段，有研究发现因为反社会型人格障碍患者对他人不信任，对团体领导者具有较强的防御心理、对小组成员具有攻击性的特点，小组在关系建立的初始阶段比较困难；小组成员对团体的结构、目的感到一定的焦虑和不安。此阶段团体的主要任务是融合以及组员之间对小组的认同，团体的根本目标是建立信任关系。在这一阶段，领导者的工作重点主要放在鼓励成员表达他们的想法和感受上，使团体凝聚力和信任感将逐渐确立。小组成员逐步从团体领导者那里学会对他人的尊重、共情、接纳、关心等基本态度，这些态度都有助于建立信任。对于在小组中出现的攻击性言行，在可控制的情况下，允许其呈现，小组领导者和小组成员一起对此进行观察。在小组中，由于团体领导者的节制，对个别小组成员表现出的攻击性言语的宽容态度，使小组成员感到安全和可控。

3．团体干预的四个阶段。

- 初始阶段——建立合作信任的团体成员关系

首先在初始阶段，通过一系列热身活动，来建立合作信任的团体成员关系。之后，根据此前的研究，针对表情识别、认知性共情、情绪共情的问题，设计了一系列干预活动，包括：

（1）表情识别比赛是识别50种表情，并加以讨论。表情传递是组员前后排成一队，主持人把表情字条如“怒火中烧”等让最后的组员抽出一张。准备好后，可以以任何方法传达字条的内容，但不可发出声音。“表情”一直传到最前面一位，主持人把答案表让他选择，看看能否猜中所传表情的真正意思。以此来提高受试者表情识别和情绪共情能力。

（2）镜中人：培养成员对他人的敏感度，相互沟通而相互接纳。安排团体成员两人一组，一人自由做动作，另一个人模仿，互相轮流模仿两分钟后互换角色，不可说话，用心体会对方用意。结束后互相交流，看看自己对他人的理解是否准确。因此主要是提高动作模仿和认知性共情。

（3）心灵密码：要求每个人静下来，画自己想画的，随便什么，自己喜欢的人、喜欢的风景、某种意境、向往的生活等。小组成员共同来分析画画人的意思和想法，并分享，画画的人谈自己原来想要表达的意思，其他人可以发表自己的理解和感受。此活动主要是提高认知性共情和情绪共情。

（4）访谈录像：将组员分为2人一组，相互之间不认识，背景尽可能不同。每组中一人充当记者，另一人担任被采访者。时间为5分钟。记者要尽可能获取被采访者多的信息，然后调换角色。采访结束后，回放录像，相互报告采访过程中的心理活动，主要是提高认知性共情、表情识别和情绪共情的准确性。

（5）电影《心灵捕手》：理解攻击性行为，犯罪行为产生的心理原因，针对认知性、情绪共情。

（6）手语歌《感恩的心》：学习表演手语歌，并讲述相关背景故事（参见表5-2），主要是干预动作模仿和情绪共情。

（7）辩论赛“海茵兹偷药”：从道德发展的角度和站在被害者立场上看问

题。主要是干预认知、情绪共情。

● 第二阶段——共情行为训练

团体干预的第二阶段是共情行为训练阶段，在这一阶段主要通过对表情的识别、角色扮演、访谈录相回放等方法来对小组成员在行为层面进行共情训练。在这一阶段多次以两个同时进行干预的实验组团队比赛的形式（乒乓球接力、表情识别比赛等）进行，这一方式起到了重要的推进小组形成和发展的作用。在竞争中，小组凝聚力迅速提升，相互之间的认同以及对团体领导者的认同也进一步加深，取得了非常好的效果。根据 Morton · Deutsch[38] 曾提出合作与竞争理论并界定了三种不同的人际结构：①个体性（individualistic）结构，在这种结构中，个体指向目标的动力对他人的目标达成无关；②竞争性（competitive）结构，在这种目标结构中，个体指向目标的努力会阻碍他人的目标达成；③协作性（cooperative）结构，在这种结构中，个体指向目标的努力有利于他人的目标达成。他认为，不同的依赖决定了个体间不同的互动方式，正向的依赖（协作）导致正面的互动；负向的依赖（竞争）会导致负向的互动；无依赖（仅个体努力）则没有互动产生。

团体干预中可分为两小组竞争比赛，每一个小组成员的成绩都会影响小组最后的得分，而得分高的小组获胜并获得奖品。区分胜负的竞争，带来了激烈的冲突和对别组成员的歧视，在组内形成强烈的团结意识和集体荣誉感 [13]。因此，极大地促进了小组成员之间的信任与合作。

若在活动中，两个不同干预小组的成员之间发生了言语冲突和象征化的攻击行为。领导者在其后的干预中应该组织小组成员对此进行讨论，并对谈论过程进行了录像；之后，将录像回放后再进行讨论。讨论的主题可包括：①对对方成员的理解和感受；②对冲突发生过程的分析和对策。目的是使大多数组员都能够积极参与到讨论和分析中，取得冲突双方相互的理解和支持。

在这一阶段，在团体领导者的支持和鼓励以及领导者的言行示范下，小组成员从依赖向独立发展，乐于面对和解决团体中正在发生的事件中的问题，勇于去解决矛盾和冲突，而不是对此采取回避态度。领导者需要及时给成员提供必要的支持，给予适度的挑战，这样小组成员能更积极地尝试解决存在于团体内的冲突，处理自己对他人的不信任感以及为了缓解敌意而产生的心理防卫。

● 第三阶段——自我探索

团体干预的第三个阶段是自我探索阶段，主要是通过观看电影《心灵捕手》，对“海茵兹偷药”的故事进行辩论比赛来展开。电影《心灵捕手》描绘了一个少年时受到父母虐待而产生心理问题的天才青年威尔，成年后整日把业余时间用在了酒吧和打架之中，后多次被捕和被起诉的情形。电影中的威尔是一位典型反社会型人格障碍患者。在这一电影中，心理治疗师西恩帮助威尔，和他一起消除了威尔的心理痼疾；同时，在朋友查克的鼓励劝告下，威尔最终找回了自我并找到了爱情。在集体观看影片之后，领导者引导小组成员对童年创伤经历、攻击性、反社会和犯罪行为的形成的原因，特别是心理原因，自己与影片主人公相似和不同之处，以及观看整个电影的感受和体验进行了讨论。此项活动的目的是帮助小组成员更好地理解自己和他人，并去除常常存在于服刑人员中的“我是天生的犯罪者”的自我标签。

“海茵兹偷药”的故事是 Kohlberg 采用“开放式”的手段来揭示儿童道德发展水平一种道德发展水平的研究方法，他选用古代哲学家常采用的“假设两难情境”，编制“道德两难故事”作为引发儿童道德判断的工具[39]。最后采用其中最为著名的“海茵兹偷药”故事作为辩题。

一名妇女得了一种特殊的癌症，快要死了。医生说只有一种药或许能挽救她的生命。这种药就是本城药剂师最近刚发现的一种镭。每一剂药的成本是 100 美元，药剂师要价 10000 美元。患病妇女的丈夫名叫海因兹，他找到他所认识的每一个人去借钱并尝试了每一种合法的手段，但他最终也只能筹到总共 2500 美元。他告诉药剂师说他的妻子快死了，求药剂师将药便宜些卖给他或者让他以后再付钱。但是药剂师说：“不行，我发明这种药就是要用它赚钱。”所以，在走投无路的情况下，海因兹感到绝望并考虑砸开药店为他妻子偷药[12]。

辩论的问题是：海因兹该不该偷药。

kohlberg 的三水平六阶段模型如下[12-40]：

水平一：前习俗道德水平（0 ~ 9 岁）。

阶段 1：以惩罚和服从为定向；

阶段 2：以工具性的相对主义为定向。此间，儿童把规则看成固定不变的，对成人的权威是绝对服从的，处于他律道德阶段。

水平二：习俗道德水平（9 ~ 15 岁）。

阶段 3：以人际和谐一致为定向；

阶段 4：以社会秩序和法则为定向。kohlberg 认为阶段 3 的儿童已内化了现行的社会规则，能从动机和情感来评定行为，希望维持和谐的关系，但未形成普遍化的“制度观”。可把规则与社会群、甚至人类的利益相连。

水平三：后习俗道德水平（16 岁以后）。

阶段 5：以社会契约和个人权利为定向；

阶段 6：以普遍的伦理原则为定向。

通过辩论，帮助团体从不同角度，不同道德发展水平去思考道德两难问题。小组的领导者在小组辩论前提倡小组成员思考，辩论中促进不同观点的交锋，一方面促进小组成员站在不同立场上看问题，深入体会主人公的感受和体验；另一方面进一步推动小组成员之间的信任和合作。

● 第四阶段——结束

团体干预的第四个阶段是结束阶段，通过请每一位小组成员评价每一位小组成员，并作分别礼物（贺卡）放送，为适逢生日的一位小组成员庆贺生日等来结束小组的团体干预。在这一阶段，小组成员将会更加开放自我、互诉衷肠，愿意大胆探索和愿意被他人所了解，感受到团体的支持并愿意尝试自我改变。团体的领导者除了促进小组成员的相互信任之外，还需要妥善处理分离和结束时的情感和想法。

在团体干预的过程中难免会遇到很多困难，在克服困难的过程中，团体领导者的经验和知识背景起到尤为重要的作用，这些因素包括：①真诚的态度和适当的自我暴露。在小组讨论和分享中，主动积极参与，能够适当表明自己的感受、体会和经历；②尊重和给予控制权。对每一个成员予以充分的尊重，不用团体领导者的身份予以教育或斥责，而是努力去理解每一个成员；③团体领导者都需要经过心理创伤治疗的培训和人格障碍评估的培训，具有比较丰富的相关知识和经验；④ 团体领导者都需要经过团体治疗的训练，都有带团体的经验；⑤若多个团体辅导同时进行，团体领导者之间应相互支持，每天干预之后会开会总结，并对遇到的困难和下次干预的内容进行积极的讨论。

干预的目标包括：①提高团体成员的共情能力。具体改善其观点采择（认知性共情）、共情性关注（情绪共情），提高其应对自身体验的困扰能力（情绪共情）；②通过提高共情能力，改善来员际交往能力。

干预方案由 8 次活动组成，每次 120 ～ 150 分钟，具体活动参见表 5-2。

表 5-2　反社会型人格障碍共情团体干预 8 次活动主要内容及目标

	主题	活动内容	干预目标	干预心理变量
初始阶段	第一次	小组签订契约	知情同意，前测。	
	形成小组	热身活动	身体热身，破冰。	
	启动自我肯定	寻找自我优点	相识和尊重	自尊
	第二次	图画接力（轮流作图）	初步形成温暖信任的关系	
	人际交往训练	成长经历回顾	成长与挫折的讨论	
		信任之旅（蒙眼盲行）	建立人际信任气氛，	信任
共情行为训练阶段	第三次	热身活动	增强小组凝聚力和协作精神	
	共情训练：表情	表情识别练习	表情的识别和团队的合作：共情中的非言语信息	情绪共情
		表情传递		情绪共情
	第四次	热身活动	小组合作克服困难	
	共情训练：交流	镜中人（互相模仿表情）	站在他人立场理解和体验情感	认知性、情绪性共情
	主题	活动内容	干预目标	干预心理变量
	第五次	热身活动		
	共情训练：理解	访谈录像分析讨论	理解社交中的情绪信息	认知性共情准确性
				情绪共情准确性

续表

	主题	活动内容	干预目标	干预心理变量
自我探索阶段	第六次 影片赏析	《心灵捕手》	理解攻击性行为，犯罪行为产生的心理原因。	认知性、情绪共情
	第七次 道德辩论	海茵兹偷药	从道德发展的角度和站在被害者立场上看问题。	认知性、情绪共情
	第八次 团体结束	彼此表达欣赏之处	体验彼此支持和肯定，鼓励继续成长	自尊
随访		个别访谈	人格障碍评估量表重评， 被害者共情讨论和评估	认知性、情绪共情

知识链接：反社会人格案例

张三，男，19岁，待业青年，家庭成员无精神疾病史；从小受到溺爱，性格固执、顽皮，喜欢恶作剧；上学后，经常打架闹事，欺负年龄小的同学，辱骂老师；在校因表现太差，被勒令退学；在家不服家长管教，顶撞、吵闹、打父母；并且多次盗窃公共财物，曾被收审，释放后，表示一定改过自新；17岁进工厂，常常旷工，招引一些朋友在家中吃喝玩乐，多次聚赌，结交了一群不三不四的女青年；18岁时与人寻衅闹事，纠集同伙用棍棒和皮带毒打他人；骑车撞了人，反诬陷对方，对对方拳打脚踢；因毒打他人致伤被公安机关收容审查。

临床检查未见明显异常。自述其从小任性，受家人溺爱；上学后贪玩，上课坐不住，爱说话，成绩下降，学校不同意他上学；因和父母吵架，左邻右舍也讨厌他，名声变坏。他不承认自己干了坏事，对打人情节避重就轻；否认与父母对打，表示一生气就控制不住自己，事情过去了就后悔了；想到家庭觉得很温暖，过去胡闹是自己还小不懂事，太顽皮，边哭边叹息："做人真难啊！""没有人真正了解我，没人疼爱，父母也不关心我，所以才变成这样！""现在后悔得很。"然而检查刚一结束，便与其他病人谈笑，显得无忧无虑，满不在乎。

从上述案例，可以看到张三在15岁之前就有品行障碍的表现，打架闹事，欺负小同学，辱骂老师、偷窃、欺诈等。早年的品行障碍是诊断反社会型人格障碍的重要依据。并且张三表现出情绪共情能力较低而认知性共情能力较高的特点，在人际交往中他能够敏感地察觉他人情绪，但并不影响其自身情绪，因此其行为并不受他人情绪的影响，比较自私，对社会、对他人冷酷和仇视，缺乏好感和同情心，行为冲动不顾及他人的感受。在被收容审查期间通过欺骗和伪装博取同情，不择手段地操纵检查者的情绪性情感，以达到自己的目的。

第三节 自恋型人格障碍的共情问题

一、自恋型人格障碍的表现

（一）自恋型人格障碍的诊断

自恋（narcissism）的概念源自希腊神话，美少年纳西索斯（Narcissus）冰冷、孤傲，对他的爱慕者无动于衷，引起了公愤。复仇女神（Nemesis）引他来到一个水潭边，当他看见水面上自己俊美的倒影时，立刻爱上了自己，于是自我陶醉、不忍离去，最终憔悴而死，化为一株水仙花。

自恋作为一种心理结构已经有很长的历史，从早期的精神分析理论家[41]，到后来发展出的客体关系和自体心理学理论[42-43]都对这一心理现象进行过阐释。自恋型人格障碍（NPD）在 1980 年被纳入北美精神疾病诊断与统计手册第 3 版（DSM-3），并从 DSM-3 到 DSM-5 一直得以保留。近年来，对于自恋的关注一直在增加，目前关于自恋的理论和实证研究主要涉及临床心理学、精神病学，以及社会 / 人格心理学。

自恋可以被概念化为一个人通过多种自我调节过程维持一个相对正向的自我形象的能力，它使得个体有被认可和肯定的需求，也使得个体显性地或隐性地从社会环境中寻求自我提升（self-enhancement）的体验[44]。多数理论学家认为自恋既有正常的表现方式，也有病理的表现方式，反映出适应的和适应不良的人格结构、心理需求、调节机制，造成满足自我提升和自我确认需求时的个体差异[45]。有些学者认为自恋是一个连续的谱系，一端是正常的自恋，是健康的；另一端是病理性自恋，会导致心理功能的紊乱[46]。另外，还有一些学者认为适应性的自恋和病理性的自恋是两个截然不同的人格维度[44]。

从临床诊断来看，自恋型人格障碍在 DSM-5（American Psychiatric Association，2013）中有 9 条诊断标准，符合其中 5 条即可做出诊断，这些诊断标准分别是：①具有自我重要的夸大感；②沉溺于无限成功、权利、光辉、美貌或理想爱情的幻想；③认为自己是特殊的和独一无二的，只能被其他特殊的或高地位的人（或单位）所理解或共事；④要求被过分的称赞；⑤拥有一种特权感，不合理地期待被特殊优厚的对待或他人自动顺从于自己的愿望；⑥人际关系上剥削他人，为达到自己的目的而侵占他人的利益；⑦缺乏共情，不愿设身处地地认识或认同他人的情感和需要；⑧往往嫉妒他人或觉得他人在嫉妒自己；⑨表现出骄傲、傲慢的行为或态度。

（二）自恋型人格的理论模型

1．自恋的发展　现代心理动力学理论认为来自于早期客体关系的内在精神过程和亲子关系中自恋性创伤导致的人格损害构成了病理性自恋的起源[47]。科胡特认为自恋有两条健康的发展路线，每条都引导原始的自恋向继发的成人的雄心和创造力发展，能够去体验共情和幽默，去感受爱和被爱，有自我价值、自尊、自信，以及自我理想。原始自恋包括无所不能的自体和理想化的父母这两种印象。在婴儿出生后的2～5个月期间，孩子因父母无微不至的回应和照顾而获得无所不能的自体印象，这种印象将成为未来理想和雄心的基础，是第一条自恋发展的健康路线。第二条路线是从婴儿期至6岁，孩子从父母（充满关怀的自体客体）那里得到足够且高质量的回应和共情；同时随着孩子需求的增多和复杂化，必然会出现非创伤性的父母共情失败、孩子的需求没有得到及时满足的情况，导致理想化的父母形象受损。此时父母承担共情失败的责任具有重要意义，他们为孩子提供了一个典范。尽管这时孩子认识到父母不像自己想象的那样全能和完美，但这使孩子学会区分哪些是幻想，哪些可成为真实，在获得自我确认和价值感的同时逐渐降低全能感。这两条健康发展的路线包含了个体的内部潜能和自体客体对其的响应；使个体逐渐内化自体客体，获得完整的自体结构；使自体古老的夸大性得到驯服和修正，被整合为人格中健康的雄心和自尊；使个体能够区分自己与他人，而不是把他人当作自体、客体来体验。反之，如果养育者对孩子冷淡、拒绝、敌意、虐待、不共情、要求过多、完美主义等会导致自恋发展的创伤性体验，进而产生扭曲的反应模式和有缺陷的自体结构，原始自恋就会向病态方向发展[47]。

2．自恋的动力自我调节模型　目前，普遍被大家认可的关于自恋的模型是动力自我调节模型[48]。这个模型认为自恋是一个持续的人格进程（而不是某种静止的状态），围绕着一个长远的目标（即产生、维持、加强一种全能自大的自我形象）来运转。这种全能自大的自我形象是试探性的、不稳定的，所以需要不断地寻求来自外界的赞美和肯定，以进行自我验证。然而，因为这种自我形象是脱离现实的，而且他们在人际互动中常常无法得到想要的赞美，所以他们提升自尊的渴望和努力往往起到反作用。这些过程会导致一个恶性循环，即寻求自我验证—被指责或拒绝—更加贪得无厌地寻求新的自我验证。因此，自恋可以被视为一个连续运行的动力系统，通过内在和外在的过程来调节自尊。自恋的个体表面上看起来自我中心、自大、孤傲，但他们显现出的高自尊是脆弱的、不稳定的，因为他们的真实自体和理想自体之间是有巨大差距的，甚至是矛盾的[48]。

Kohut[43]认为自恋的个体弥漫着抑郁和低自尊；由于自体结构的碎裂和不完整，他们无法形成并维持一个稳定的价值体系，经常体验着内在的空虚和生活的迷失，而体验不到自我肯定的价值感和自身独特的存在感；当处于压力和扰动的环境时，他们难以缓解焦虑、承受孤独，无法有效地自我安抚。这就意味着，他们不确定自己是谁，也不确定自己想成为什么样的人，所以往往迎合世俗的标准，并要求自己是无所不能的，以此源源不断地得到外界的掌声。当这种追求受挫时，他们常常感到失败和渺小，常用的应对方式是贬低别人，寻求加倍的自我提升体验，或逃进白日梦中。在自恋性功能失调中，“羞愧”是一种核心的情绪。有些学者认为，自恋的个体更容易感受到羞愧，这可能和他们无法调节和维持自尊的平衡有关。外显夸大的自我赞赏可能是对内在空虚感和低自尊的补偿[49]。

在社交关系中，自恋的个体经常是不能理解别人的需要和情感的，不知道什么是适切的。他们需要无限的赞美，并会去利用别人，似乎别人只是用来满足自己某个功能的工具。这种自我中心、高人一等、支配控制、去人性化的态度会使他们在人际关系中存在问题。另外，他们会理想化某些人或事，但只要稍不如意，马上又会去贬低。而且他们不能真正地依赖他人，对他人缺乏信任，难以向他人示弱或表达自己的需要。

3．自恋性自大与自恋性脆弱　对于大众来说，自恋经常和傲慢、自负以及盛气凌人的态度和行为联系在一起，这些表现可以被归纳为自恋性自大。自大的确是自恋的核心成分，它的临床表现包括压抑对自我的负性表征，扭曲来自外部的不认可信息，导致高人一等的态度和膨胀的自我形象（尽管没有相应的成就和技能），幻想自己拥有无限的权力、优越性、完美及他人的仰慕。自恋性自大经常会在人际互动中直接显现出来，比如剥削性地利用他人、缺乏共情、有强烈的嫉妒心、争强好胜、爱表现等；也可以很隐蔽的表达，比如在向他人提供帮助或情感支持的同时，暗自享受着自己作为拯救者的重要、善良及强大[50]。拥有自恋性自大特质的人，非常渴望他人的仰慕和赞赏，当他们的自尊受到威胁时，往往会暴怒发作[48]。

过去40年来，关于自恋及自恋型人格病理的临床研究发现，自恋性功能失调除了自恋性自大之外，还有一类特质，即自恋性脆弱。这类特质的个体也靠自大性幻想来维持自尊，但是他们的幻想更容易破灭，当防御失效、自恋受挫时会引发羞愧、自我谴责、焦虑、抑郁，而不是嫉妒或争斗；他们的自我形象不是膨胀、高人一等的，而是耗竭、空乏和无力的；他们会回避社交，因为他们对于责备或拒绝过于敏感[46]。

近十年来，自恋性功能失调包括自恋性自大和自恋性脆弱两大主题越来越成为一种共识。临床理论学家们用这两大主题描述自恋性功能失调的核心部分，包括自体结构的缺陷、治疗关系中的困难，以及在应对压力（如羞愧、创伤、未满足的需求、依赖或被抛弃的可能）时适应不良的防御策略。

目前，许多研究自恋型人格障碍的临床心理学家都发现自大的自我状态和脆弱的自我状态（同时伴随情绪失调）会交替或同时存在于一个人身上。Ronningstam[45]表示，自恋的个体会随着时间和环境的变化，在绝对化的自大和脆弱状态之间来回摆荡。同样，Kernberg[51]表示自恋的个体会经受不安全感对他们夸大和特殊的自我感知的扰动。病理性自恋会对人际关系、创造性，以及职业发展产生负性影响，因此自大是难以持续维系的，所以随着生活的推进，自恋的个体会越来越容易体验到羞愧、不安、无助或抑郁。

尽管在临床理论和研究中“自恋性自大”和“自恋性脆弱”这一对概念更常用，但是在社会/人格心理学文献中更多的使用“显性自恋”和“隐性自恋”来划分。有些学者将“自恋性自大”等同于“显性自恋”，将“自恋性脆弱”等同于“隐性自恋”。而有些学者认为这样画等号不够准确，显性或隐性只是表现方式的不同，不能作为种类的区分。在临床实践和研究中，任何病理性人格都包括显性的表现（如行为、表达出的态度或情绪），以及隐性的表现（认知、内隐的情感、动机、需求），病理性自恋也不例外，所以不论是自恋性自大还是自恋性脆弱都有显性和隐性的表现元素[50]。

DSM 诊断系统只关注自恋性自大的部分，而忽略了自恋性脆弱的部分，缺少相关的诊断标准，这使得它在近些年来饱受诟病[44-45]。对自恋性自大的狭隘关注在一定程度上造成了临床诊断上的低患病率（远远低于临床实践中报告的率）以及低时间稳定性。而且，有研究显示，自恋性自大状态往往会减弱治疗动机，而自恋性脆弱状态会促进个体求助，因此临床工作者见到的自恋型病人往往是处于脆弱状态的个体，所以如果单纯依靠 DSM-5 诊断系统的标准，很多自恋型病人会被漏诊[44]。

二、自恋型人格障碍的共情特点

自恋一直被认为与共情的受损有关，从最早在临床实践中提出自恋的概念到 DSM-3 中形成自恋型人格障碍的诊断，受损的共情功能一直是病理性自恋的标志性特点[46]。DSM-5人格障碍工作组对自恋型人格障碍个体的共情功能是这样描述的：识别他人感受和需要的能力受损；会高度协调自己与他人的反应保持一致，但仅在关乎自己的利益时；过高或过低地评估了自己对他人的影响[52]。

然而，在使用自评量表和临床访谈的方法评定自恋型人格障碍病人的共情功能时，却不能得出他们缺乏共情能力的结论。Ritter等[49]用两种方法分别测试了自恋型人格障碍病人的共情功能，这两种方法分别是自评量表法［人际反应指数量表（IRI）］和客观测量法［多维共情测验（MET）］。MET之所以更客观一些，是因为它没有请受试者直接评判自己的共情状况，而是请受试者根据图片刺激报告自己的关注和情绪唤起程度。这两种测量方法显示出了不同的结果：在情感性共情方面，IRI的结果并没有显示出自恋型人格障碍病人存在此方面的缺陷；但是MET的结果显示他们在共情性关注和情绪镜映方面存在缺陷。在认知性共情方面，IRI的结果显示自恋型人格障碍病人对自己在此方面能力的评估高于正常对照组；而MET的结果显示他们和正常对照组没有显著差异。这个研究体现出自恋个体对自己共情能力的过高估计，恰好印证了他们的自我提升偏好。

目前的神经影像学研究也证明，病理性自恋的个体在情绪共情方面（如情绪识别、共情性关注、情绪镜映）有明显受损，而在认知性共情方面基本没有受损[49-53]。

虽然病理性自恋的个体和正常对照组在认知性共情方面并没有显著差异，但是有研究者[54]发现高自恋的个体在IRI量表中"观点采择"分量表的得分要更低一些，尤其在那些反映共情意愿的条目上得分低。这一结果提示，病理性自恋的个体可能并不是不能处理情感性的信息、理解他人的情感体验，而是他们不在意他人的感受，或不愿投入共情的过程，以避免失去控制或显得脆弱[55]。

越来越多的研究显示，一些常见于自恋个体的因素（如自尊、内在控制感、自我提升、情感不耐受、自我中心等）也会影响个体的共情能力和共情意愿，使得共情功能随着具体情境的不同而改变，这种改变既可以发生在同一个个体身上，也可以发生在不同个体之间[52]。

综上所述，自恋和共情的关系是非常复杂的。下面我们用3个个案研究来进一步的呈现自恋型人格障碍患者的共情特点，这3个个案都符合5条及以上的DSM-5的诊断标准。

案例1：A先生是一位成功的商人，已婚，有一个孩子。他在妻子的要求下来做婚姻咨询，他的妻子表示：和丈夫难以沟通，他对我非常冷漠，尤其当我经历困境的时候，他对我的倾诉非常没耐心、轻视不屑，觉得我是因琐事而大惊小怪，他无法站在我的角度看问题，当我试图告诉他在某个情境中我的感受或对他的感觉时，他看起来就像是神游出窍或者呆掉了。如果他惹我生气，他也会道歉，但他似乎完全不能理解我为什么生气。

他在社交情景时的反应很不一致，有时他表现得沉默、疏离、僵硬，对人没有兴趣；而有时他又会非常友好而殷勤，尤其是对那些他觉得重要的人物。他有时就像是会读心术，能够非常巧妙地处理生意中复杂的人际关系，似乎很能关注和理解他人，猜出他们的喜好和心思。但是在我们自己的关系中，他却是一副漠不关心、无动于衷的样子，我真的很困惑，为什么他不能够像对客户那样来对我呢？不过，在他追求我的时候，他也并不是现在这个样子，那时候他是很善解人意的，但如果我提出这样的疑问，他就会生气。一旦我质疑他，他就会特别生气，似乎他期待我应该无条件地服从他、理解他、欣赏他。

当妻子说这些时，A先生一直默默地坐着，闭着眼睛，然后他说："我也不知道自己怎么了，我能听到你说了什么，但我无法思考。我不知道该说些什么，我现在不想谈这些。"

案例2：B先生是一个大型企业的部门经理，30岁、未婚，被他的上级要求来进行心理咨询，因为他不能很好地和团队协作。他不情愿地前来咨询，说上级对他是鸡蛋里挑骨头，觉得他对客户的诉求不够敏感，同时不能很好地执行上级的决策。

随着咨询的深入，B先生表露出一些内心的感受，他觉得自己一直都存在人际方面的问题，因为自己总是充满优越感，想要去支配别人；无法遵守规矩、服从权威，觉得他们都没有真才实学；面对那些"不理智的要求"和"低级的任务"时，特别容易生气和情绪化；而且当别人超过自己时会特别嫉妒、怨恨。他总是感到自己有两部分，在外面时自己是独立而有成就的，在家时却感到无聊、渺小和空虚。

他从小在学习成绩和运动方面都很优秀，但是家庭背景却常使他感到羞耻和怨恨（因为贫困和多子女）。看到那些家境比较好的同

学，会感到浓烈的嫉妒和不平，会疏远、贬低他们，想要打败他们，在他们遇到困境时幸灾乐祸。但是，对于那些不如自己或仰慕自己的人，他会是乐善好施的，他说下属们对他都非常信任，不管是工作上的事情还是个人的私事都会仰仗自己，他还喜欢插手并化解下属间尖锐的冲突，让涉事各方都满意。

案例3：C小姐是一个羞怯的单身女性，30多岁，从事科研工作。她认为自己有严重的拖延问题，她有完美主义者的标准，依然保留着全能自我的幻象，只有事情按照她的预想开始、发展、结束，她才会觉得满意，才会有动力去做。同时，她总是会和别人攀比，非常在意别人怎么看自己的，并需要不断地寻求他人的肯定和赞赏，当她感到被忽视、指责或辜负的时候会非常心烦意乱。

她的上级和同事对她的评价是自我中心、完全不考虑别人、太较真、封闭、在工作时经常“绑架”别人。当她的工作进展不顺利时，她会一直拖着，直到最后一刻，因为她不愿拿出一个不“完美”的结果，觉得有损自己的颜面，破坏别人心中自己的形象；但她的拖延严重影响到其他同事和整个项目的进度，以至于其他人必须利用周末或假期来进行后续工作，感到“被她绑架”。虽然她也觉得这样不好，但是这种“拖累了别人的内疚”远远比不上“被别人发现原来自己不好的羞耻感”强烈，所以她会屡教不改。

同时，她觉得自己没办法处理同事们带来的个人问题。每当他们谈到某某遭遇的个人不幸事件时，她会觉得难以忍受，甚至会觉得这占用了自己的时间而感到生气，每次他们谈到这些，她就默默离开房间。所以同事们都说她缺乏同情心、不够善解人意，这让她觉得自己是个异类，感到羞愧。

对于以上三个个案，共同之处在于病人有持续存在的自我理想化、自我提升的需要和保持独立的意识，以此来对抗早年经历带来的匮乏、无助和无价值感。前两个个案中的A先生和B先生，他们更接近于自恋性自大状态，依恋风格是回避/安全型的，倾向于拒绝他人的痛苦情绪；而C小姐更接近于自恋性脆弱状态，依恋风格是焦虑/恐惧型的，容易过度卷入进他人的情绪。因此，对于A先生和B先生，当他们在有掌控感、效能感的情景下，当共情能够带来自我提升的价值感和满足感时，他们就能投入这一过程；但是，当共情指向自我反思或威胁到理想化自我形象时，他们就会拒绝、愤怒

和怨恨或者表现出回避和退缩。C小姐一直没有有效的情绪调节途径，能做的只有躲开，所以她无力承担共情带来的情绪压力。

三、自恋型人格障碍共情能力的训练

关于自恋型人格障碍，在临床工作中常常会感到他们抗拒治疗或无法被治愈，不过，这并不是全部的观点。考虑到自恋型人格障碍概念的演进，尤其是它与共情的关系被逐渐澄清，也许会出现更多特定的治疗方法。对于自恋型人格障碍患者的共情训练，需着眼于他们受损的情感性共情反应，并维系他们的认知、动机、感受和情绪体验的微妙平衡[52]。

（一）自恋型人格障碍共情训练的前提条件

对于一些特定的训练方法，在使用时须考虑到时机、须有个性化的方案，并与患者的情况相契合（如动机、心理发展水平、生活境况等）。同时，有一些基本的治疗技术在与自恋型人格障碍患者工作中是非常有用的。

首先，需要保证自恋型人格障碍患者有改变的动机和合作性的态度，愿意参与到训练或治疗中，有想要达成的目标。

其次，在与自恋型个体工作时，共情不仅是良好治疗关系的要件，共情本身就有治疗性。早在科胡特之前，卡尔·罗杰斯就提出了共情理解与人格变化最为相关的著名论断，他从实践经验中得出这样的结论——治疗师只需尊重并接纳来访者，积极的、建设性的转化就会发生。而科胡特则通过自体心理学理论，清楚地阐明了共情具有治疗作用的内在机制，即只有共情的治疗师才能成为一个好的自体客体，从而能够接纳来访者并培养来访者健康的自恋。自体心理学的治疗师视母亲安抚儿童的图景为共情性自体客体的原型，治疗师需要一直保持关注、肯定和共鸣的态度，通过确认并共情来访者的感受和体验（例如抑郁、脆弱、羞耻、愤怒等），给予他们需要的镜映和反馈，从而帮助他们觉察和理解自己的内心活动，调和并提升自尊；同时，治疗师的共情不可能是完美的，少量的共情失败构成了治疗中非创伤性的挫折，这些挫折将并入来访者整体的转换性内化过程，发展出自体的补偿性结构，最终全方面提高他们的功能水平。所以，治疗师的共情不仅给自恋型个体一种真实的满足，也将这种人际互动的态度反复呈现给他们，促使他们学习用这样的方式对待自己，进而惠及他人[56-57]。

第三，在治疗关系相对稳固、自恋型个体的自体结构相对完整和坚固的患者时，可以适当地使用澄清和面质，来考察他们自我反思和换位思考的能力，培养和鼓励他们的共情反应。值得注意的是，促使自恋型个体反思一定要建立在充分共情和接纳的基础之上，而且干预的时机一定要成熟，因为过早的干预反而会变成一种成长的阻力，使个体的自恋性问题无法充分展开和修通，他们过度自恋的人际互动行为也许能够得到矫正，但可能只是迫于道德和现实压力。更重要的是，如果过早或过于生硬地进行面质、教育或其他干预措施，则很容易引发来访者的阻抗，因为他们要保护其自体免于崩溃。而且，来访者很可能会将之体验为对自己的攻击和伤害，进而对治疗师感到强烈的失望和愤怒，往往会持续、猛烈地攻击治疗师。经验不足的治疗师会因缺少心理准备而措手不及，同时感到来访者不可理喻。来访者的自恋暴怒会严重冲击治疗师的自恋平衡，此时，如果治疗师缺乏经验或自尊也不够强健，则会表现出自恋性的防御（如与来访者面质、进行现实检验等），治疗则多半会陷入僵局甚至以失败告终。更恰当的做法是，治疗师持续共情来访者的自恋、暴怒，不仅要承担共情表面的愤怒和攻击，更要了解共情背后的伤痛和羞耻感，同时真诚地接受来访者的指责，审视、调整治疗步骤和方法。如此才有望把自恋伤害转化为恰到好处的挫折治疗，使其最终能够增强来访者自体结构 [58]。

最后，在与自恋型个体工作时，还会经常用到解释。解释的重要性表现在它可以使来访者觉察和意识到自己的幻想、感受和冲突；而且，作为分析性治疗的重要技术，科胡特认为解释是一种深化了的共情，它使来访者领会到治疗师对其理解的广度和深度。所有心理治疗都包括对来访者的解释，只不过解释的内容取决于不同的流派观点。科胡特在学术交流和临床督导中发现，一些错误的解释也能起到比较好的治疗效果，后来他认识到此时起作用的是治疗师做解释的姿态，即这些解释的本身起到了回应来访者的作用，从而满足了来访者对治疗师作为自体客体的需求。从这个意义上说来，可以把解释所具有的回应性看作是心理治疗的一种共通因素。所以，治疗师的解释最好以问题或假设的方式呈现，以此调动来访者探索自身的好奇心，同时也能尽量避免使他们感到羞耻或被冒犯 [56-57]。

（二）提升自恋型人格障碍的主要疗法和技术

比较常用的疗法有，辩证行为疗法（dialectical behavior therapy），是在传统认知行为疗法的基础上发展起来的一种侧重治疗策略和社会心理技能训练的治疗方法，它可以帮助自恋型人格障碍患者学习辩证思维方法，更好地觉察自己的需求和价值观，发展非评判的自我观察能力和非轻视的自我描述能力，提高他们全面客观看待事物的能力，找到解决矛盾冲突中的平衡点，从而减少情绪失调，增加心理弹性，提高人际效能[59]。

心智化基础疗法（mentalization-based therapy）：心智化又称心理化，它是一种想象形式的心理活动，即我们从外部的角度看自己和从内部的角度看他人的能力。是以“我”为轴心，想象分别站在我和他人的位置上去理解事物，可以说是一种“将心比心”“换位思考”的能力。心智化的最佳发展途径依赖于与更成熟、更敏感的心智（个体）之间的互动，因此在心智化的发展中考虑依恋是必不可少的。依恋支持了心智化的发展，它传递了这样一种能力，让人体验到自己可以被他人理解，这种体验反过来又帮助他来获得理解他人的能力。在安全依恋的关系中，心智化才能得以健康发展。心智化基础疗法的目标是提高来访者的心智化水平，改善他们的觉察和反思能力，使他们能够更好地理解自己和他人的内心活动[60-61]。

以上的方法与技术，都是与自恋型个体长期接触进行工作的基础，能够为他们的转变提供可能性和契机。在此基础之上，一些可提高他们痛苦耐受（distress tolerance）、人际效能（interpersonal effectiveness）和心智化（mentalization）水平的技术都能使他们更好地控制威胁性或压倒性的情绪体验，进而改善他们的共情功能。

在使用这些疗法和技术的时候需根据来访者的个人情况进行整合和调整，除了来访者的治疗动机、生活境况、反思能力和病理表现之外，还需考虑他们的共情问题是动机性的还是缺陷性的。如果是动机性的，就像案例 1 中的 A 先生在与妻子互动时的表现和案例 2 中的 B 先生在与上级或竞争对手互动时的表现，需要谨慎且充分地探索他们对他人之抱怨的归因和理解，以及对问题后果的评估和重视程度。同时，考虑到 A 先生和 B 先生的依恋类型是回避型，他们很可能具有回避无助感、匮乏感和挫败感的潜在动机，在面对他人的指责和不满时，还可能挣扎于羞耻或威胁性的体验，这也会影响他们的共情意愿，所以增加他们对自己的行为动机（如自我提升）和反应模式（如脆弱的自尊导致无法承受别人的不满）的理解和觉察，能够帮助他们更有意识地做出选择，当他们有能力更好地调节自尊时，改变就会发生。

如果来访者的共情问题是缺陷性的，就像案例 3 中的 C 小姐在躲开同事诉苦时的表现，则需要敏锐且小心地澄清那些让来访者想要回避的情景，提高他们的自我觉察。同样重要的是，他们焦虑 / 恐惧型的依恋风格会影响治疗关系的建立和发展，而且他们往往难以处理在面对自身不足时感受到的自责、羞耻、愤怒、甚至恐惧，这会对治疗的进程、节奏和结果产生巨大影响。另外，对于这一类型的来访者，他们往往无法忍受自己的情绪，害怕去体验情绪，担心被情绪淹没、压垮，所以运用情绪调节技术非常重要，可以帮助他们体验、忍受、化解那些强烈的情绪，这样在靠近他人的情绪体验时才会觉得安全。同样的，那些能够提升他们人际效能的技术也值得推荐，可以帮助他们更恰当地表达自己的想法和感受，更恰当地保护自己、隔绝威胁，从而与他人保持一种相对支持性的人际关系。

综上所述，对自恋型人格障碍患者的共情功能训练是一个系统工程，需要唤起其治疗动机才有可能实现共同配合，共同探索出个性化的治疗方案。

知识链接：镜像神经元与孤独症

共情的能力是从何得来的呢？是我们先天就有的本能？还是后天学习的呢？也许这个问题在“镜像神经元”的研究中可以得到一部分解答和研究方向。

最早关于镜像神经元的证据，源自一个偶然。当研究者通过单细胞记录技术记录猕猴大脑运动前区皮层F5区时，偶然发现猕猴在观察人抓取食物和猕猴自身抓取食物时，F5区表现出了相似的脑电活动和强度。也就是说，F5区在自身所做行为和观察相同行为时产生了相似的反应，因此被命名为镜像神经元。

更进一步的研究表明，在猕猴身上，F5区镜像神经元在听觉信息和推测意图上有着重大关联，这可能意味着镜像神经元对语言以及心理理论都有着影响。

有些传统观点认为，我们之所以能够感受到他人的感受，是我们通过观察他人的面部表情，身体语言并且进行记录，从而类比推断而来。而在镜像神经元的研究中发现，当我们观察受到电击而感到痛苦的人的照片时，我们脑部的激活状况与实际受到电击痛苦的人是相似的。也就是说我们并非从痛苦的人的表情、身体语言推断他人痛苦，而是在观察的时候我们的镜像神经元“也被电击”，从而我们能够身临其境地感受他人的感受，从而做到共情。

而在一个反例中，镜像神经元活动的减弱同样能够为我们说明其在社会交往和人的心理层面的重要性。孤独症患者或阿斯伯格综合征患者被认为是由于社会功能的缺失而导致心理障碍，而在潜在智力等方面并没有缺陷。而在这些患者身上，镜像神经系统的活动并不明显。

（张丝艳　韩海英　赵　佳　徐凯文　官锐园）

参考文献

[1] 李爱月 . 天津市 1.5 ~ 3 岁儿童孤独症现状调查及早期征象研究 [D]. 天津：天津医科大学，2010.

[2] 邱天龙 . 自闭症儿童面孔表情识别特征研究 [D]. 上海：华东师范大学，2013.

[3] Baron-Cohen S. Mindblindness：An essay on autism and theory of mind [M]. Cambridge：MIT press，1997.

[4] Baron-Cohen S. The extreme male brain theory of autism [J]. Trends in Cognitive Sciences，2002，6（6）：248-254.

[5] Baron-Cohen S. The hyper-systemizing，assortative mating theory of autism [J]. Progress in Neuro-Psychopharmacology and Biological Psychiatry，2006，30（5）：865-872.

[6] 王立新，彭聃龄 . 中央统合功能与孤独症 [J]. 中国心理卫生杂志，2004，18（12）：841-842.

[7] Gutstein S E，Burgess A F，K Montfort. Evaluation of the relationship development intervention program [J]. Autism the International Journal of Research & Practice，2007，11（5）：397-411.

[8] 沈渔邨 . 精神病学（第 4 版）[M]. 北京：人民卫生出版社，2001.

[9] 中华医学会精神科分会 . 中国精神疾病诊断分类标准（第三版）[M]. 济南：山东科学技术出版社，2001.

[10] Alloy L，Riskind J H，Manos M J. 变态心理学（第 9 版）[M]. 上海：上海社会科学院出版社，2005：430-432.

[11] 罗伯特 · 迈耶 . 变态行为案例故事（第七版）[M]. 北京：世界图书出版社，2007.

[12] Myers D. 社会心理学 [M]. 北京：人民邮电出版社，2006.

[13] Barlow D，Durand V M. 异常心理学（第四版）[M]. 北京：中国轻工业出版社，2006.

[14] Siever L，Trestman R L. The serotonin system and aggressive personality disorder [J]. International Clinical Psychopharmacology，1993，8（2）：33-39.

[15] Andrews D A，Bonta J. The Psychology of criminal conduct [M]. 3rd ed. OH：Anderson Publishing Co，2003：372-373.

[16] Dodge K A，Frame C L. Social cognitive biases and deficits in aggressive boys [J]. Child Development，1982，53：620-635.

[17] Vernberg E M，Jacobs A K，Hershberger S L. Peer victimization and attitudes about violence during early adolescence [J]. Journal of Clinical Child Psychology，1999，28（3）：386-395.

[18] Liau A K，Barriga A Q，Gibbs J C. Relations between self- serving cognitive distortions and overt vs. covert antisocial behavior in adolescents [J]. Aggressive Behavior，1998，24：335-346.

[19] Henry D B，Tolan P H，Gorman-Smith D. Longitudinal family and peer group effects on violence and nonviolent delinquency [J]. Journal of Clinical Child Psychology，2001，30：172-186.

[20] Farrington D P. Psychosocial predictors of adult antisocial personality and adult convictions [J]. Behavioral Sciences & the Law，2000，18（5）：605-622.

[21] Sampson R J，Raudenbush S W，Earls F. Neighborhoods and violent crime：A multilevel study of collective efficacy [J]. Science，1997，277：918-924.

[22] Borduin C M. Multisystemic treatment of criminality and violence in adolescents [J]. Journal of the Academy of Child and Adolescent Psychiatry，1999，38：242-249.

[23] Soderstrom H. Psychopathy as a disorder of empathy [J]. European Child & Adolescent Psychiatry，2003，12：249-252.

[24] Dolan M，Fullam R. Empathy，antisocial behaviour and personality pathology [M]. Cambridge：Cambridge University Press，2007.

[25] Blair J. Empathic dysfunction in psychopathic individuals [M]. Cambridge：Cambridge university Press，2007.

[26] Smith A. Cognitive empathy and emotional empathy in human behavior and evolution [J]. Psychological Record，2006，56（1）：3.

[27] 徐凯文 . 反社会型人格障碍的共情缺陷及其干预研究 [D]. 北京：北京大学，2009.

[28] Davis M H. A multidimensional approach to individual differences in Empathy [J]. JSAS Catalog of Selected Documents in Psychology，1980，10：85-104.

[29] Hoffman M L. The measurement of empathy. In Measuring emotions in infants and children [M]. Cambridge University Press，1982：279-296.

[30] Valiente C，Eisenberg N，Fabes R，et al. Prediction of children’s empathy-related responding from their effortful control and parents’ expressivity [J]. Developmental Psychology，2004，40（6）：911-927.

[31] 胡金生，杨丽珠．儿童移情指向性的发展及不同语言提示的作用 [J]. 心理发展与教育，2005，13（3）：44-48.

[32] 童俊．人格障碍的心理咨询与治疗 [M]. 北京：北京大学医学出版社，2008.

[33] 钱铭怡．变态心理学 [M]. 北京：北京大学出版社，2006.

[34] Pecukonis，Edward V. A Cognitive/Affective Empathy Training Program as a Function of Ego Development in aggressive adolescent female [J]. Adolescence，1990，25（97）：59-76.

[35] 冀云．暴力型未成年犯攻击性的团体心理干预研究 [D]. 长春：东北师范大学，2008.

[36] 陈翊．通过共情训练改善大学生人际关系研究 [D]. 南京：南京师范大学，2008.

[37] 莫顿.多伊奇，秦生译．应用社会心理学 [M]. 北京：清华大学出版社，2004.

[38] 蔡蓓瑛．海因兹偷药的是是非非——看儿童道德发展的 6 个台阶 [J]. 为了孩子，2006，11：15-16.

[39] 张治忠，马纯红．皮亚杰与科尔伯格道德发展理论比较 [J]. 扬州大学学报（高教研究版），2005，9（1）：71-75.

[40] Freud S. Freud's“On Narcissism：An Introduction”[M]. London：Karnac Books，2012.

[41] Kernberg O F. Further contributions to the treatment of narcissistic personalities [J]. The International journal of psycho-analysis，1974，55：215-247.

[42] Kohut H. Forms and transformations of narcissism [J]. Journal of the American Psychoanalytic association，1966，14（2）：243-272.

[43] Pincus A L，Ansell E B，Pimentel C A，et al. Initial construction and validation of the Pathological Narcissism Inventory [J]. Psychological assessment，2009，21（3）：365.

[44] Ronningstam E. Narcissistic personality disorder：Facing DSM-V [J]. Psychiatric Annals，2009，39（3）：111-121.

[45] Ronningstam E F. Identifying and understanding the narcissistic personality [M]. Oxford：Oxford University Press，2005.

[46] 童俊．自恋型人格障碍与边缘型人格障碍的异同 [J]. 上海精神医学，2005，17（5）：304-306.

[47] Morf C C，Rhodewalt F. Unraveling the paradoxes of narcissism：A dynamic self-regulatory processing model [J]. Psychological inquiry，2001，12（4）：177-196.

[48] Ritter K，Dziobek I，Preißler S，et al. Lack of empathy in patients with narcissistic personality disorder [J]. Psychiatry research，2011，187（1）：241-247.

[49] Pincus A L，Lukowitsky M R. Pathological narcissism and narcissistic personality disorder [J]. Annual Review of Clinical Psychology，2010，6：421-446.

[50] Kernberg O F. Narcissistic personality disorders：part 1 [J]. Psychiatric Annals,2009,39(3)：111-121.

[51] Baskin-Sommers A，Krusemark E，Ronningstam E. Empathy in narcissistic personality disorder：From clinical and empirical perspectives [J]. Personality Disorders：Theory, Research，and Treatment，2014，5（3）：323-333.

[52] Wai M，Tiliopoulos N. The affective and cognitive empathic nature of the dark triad of personality [J]. Personality and Individual Differences，2012，52（7）：794-799.

[53] Davis M H. Measuring individual differences in empathy：Evidence for a multidimensional approach [J]. Journal of personality and social psychology，1983，44（1）：113-126.

[54] Ames D R，Kammrath L K. Mind-reading and metacognition：Narcissism，not actual competence,predicts self-estimated ability [J]. Journal of Nonverbal Behavior,2004,28（3）：187-209.

[55] 吕伟红 . 科胡特自体心理学理论对心理治疗的启示与助益 [J]. 学术交流，2014，10：49-53.

[56] 吕伟红 . 对动力学团体应对和治疗自恋性问题的思考 [J]. 黑龙江社会科学，2015，3：105-108.

[57] Kohut H. Thoughts on narcissism and narcissistic rage [J]. Psyehoanalytic study of the child，1972，27：360-400.

[58] Reed-Knight B，Fischer S. Treatment of narcissistic personality disorder symptoms in a dialectical behavior therapy framework [J]. The Handbook of Narcissism and Narcissistic Personality Disorder：Theoretical Approaches，Empirical Findings，and Treatments，2011：466-475.

[59] Bateman A W，Fonagy P. Handbook of mentalizing in mental health practice [M]. American Psychiatric Pub，2012.

[60] 任苇，刘丹 . 心智化视角下儿童依恋与家庭教养方式的相关研究 [J]. 中国青年政治学院学报，2014，5：29-32.

6 共情与人际沟通

共情是道德发展的基础，是人类关心他人的火花，是社会生活成为可能的黏合剂——Hoffman。

第一节 共情与利他行为

一、共情 - 利他行为的理论模型

共情和利他行为在人们的常识中一直被认为存在因果关系，因为当我们感受到他人处在困境中的心情，并意识到他们需要帮助时，才会做出利他行为。很多研究在一定程度上证实了共情和利他存在紧密的关系，一般情况下，共情在助人行为之前产生，而且对利他行为有促进作用。De Waal [1] 认为共情是直接利他行为的主要近因动机（proximate cause），通过共情，我们可以更好地理解他人的感受和需要，能够在情感上真的在意他人的福祉，并通过帮助他人而获得内在感受的提升。因此共情在社会交往中扮演了非常重要的角色，使我们能够迅速且自动化地体验到其他个体的情绪状态，能够促进利他与合作行为，增强人的社会适应性 [2]。

（一）共情行为的演化机制

共情反应并非人类独有，它对生物体有重要的环境适应价值。MacLean [3] 认为，共情出现于 1800 万年前，与哺乳动物的进化有关。当哺乳动物进化出亲代养育行为时，需要具备对后代疼痛、危难等情感信号的回应能力，于是原始的共情就出现了。父母对子女的共情反应能够提高父母的内含适应性，所谓内含适应性就是指自然选择不仅会选择那些保存自身遗传基因的行为（即经典适应性），同时也会选择那些保存与自身基因接近人群（比如父母、子女、兄

弟姐妹等）遗传基因的行为。

另外，亲代养育不仅因提供明显的生存利益给后代而得以进化，亲代养育行为本身也具有内在奖赏特性。动物研究发现，亲代养育行为可以激活多巴胺奖赏脑区，使母亲在养育后代的过程中得到内在奖赏[4]。

随着社会协作的增强，共情反应可以迁移到亲代养育环境之外，并在广泛的社会关系网中不断演化，从最初单纯的情感性共情（情绪感染）逐步发展出更复杂、更灵活的认知性共情（共情性关注和观点采择）。人类由共情促使的利他行为可以扩展到非亲属，这种行为被内在奖励（多巴胺系统）和来自社会的积极反馈共同强化。当人们捐助贫困山区的失学儿童，或者自愿献血给汶川地震的受灾群众，共情超出了它的进化起源环境，延伸到了亲缘间内含适应性利益之外。行为和功能成像研究发现，通过多巴胺的释放，关心和帮助他人使个体感觉良好。Moll 等[5]研究发现，在个体自愿地选择向慈善机构捐款与他们收到金钱奖励这两种条件下，涉及中脑边缘的奖赏脑区同等程度地激活，这说明帮助他人使个体体验到类似于收到金钱的感觉。Harbaugh、Mayr 和 Burghart[6]的研究也有类似的发现。

（二）利他行为的分类

多数学者都认同，利他行为分为三种经典类型：其一，是亲缘选择基础上的亲缘利他行为，是生物体为自己亲属做出某种牺牲，可被解释为最大化包含性适应的利己行为倾向。其二，是互惠利他行为，即没有血缘关系的个体期望获得有益回报而暂时降低自身适应性对他人友善行事的相互利他主义，可被认为是利己的自我服务行为。其三，是不追求任何客观回报的纯粹利他行为。此种利他行为是高水平、狭义的亲社会行为，动机完全是自觉自愿的，目的就是尊重他人，使他人得益，而不是为了获得物质或社会奖赏，且伴随着良好的情感，甚至牺牲自己利益。

直接利他行为有三种：一是瞬间的无意识利他行为，是对处于痛苦或困境中的他人产生不自主的、无私的想要去帮助的行为，通常发生在很短的时间内，比如徒手接住从高楼上坠落的孩子。二是习得性利他行为，是因利他行为能够带来好处，所以该行为得到强化和存续，比如孩子愿意和别人分享自己的玩具是因为每次这样做之后会得到表扬和奖励。三是有意的利他行为，即对于利他行为之后的结果是存在预期的。一种预期是对方能够投桃报李，这算是有意的自利性利他；另一种预期是纯粹从他人的需要出发，是希望对方能真的从自己的行为中获益，可称为有意的纯粹性利他。

（三）共情 - 利他模型

1. 两阶段模型　共情对利他行为的影响模式实际上非常复杂，并不是一种单向性的必然的因果关系 [7]，共情导致利他行为的路径也并非总是有效。Coke 等 [8] 提出一个两阶段共情中介帮助行为的模型，认为特质性共情和状态性的因素都起作用。特质性的共情是指个体的共情差异；状态性的因素是指对他人需要的评估。在研究中，进行了情绪唤起和观点采择的设置，结果显示，较高的帮助行为会跟随较高的唤醒的反馈而出现，但是，这种情形只在高分的特质性共情者中才出现 [9]。这一结果提示，共情 - 利他行为的路径是受个体的特质性因素影响的。

此外，助人的后果以及帮助成本对于共情 - 利他路径也有调节作用。Sibicky 等 [10] 设计了 2 个观测指标（想象的高共情与观察的低共情）与 2 个干预效应（有潜在危害的效应与无危害效应）的实验研究，来观察受试者提供帮助的行为。结果发现在帮助行为对他人有潜在危害的情形下，帮助性行为显著减少。也有研究者做过共情回避的研究，在设定不同帮助成本的前提下，受试者可以选择听两个版本的关于一个无家可归人的故事，一个故事属于共情启动版本，一个是无共情版本。结果，那些意识到将要付出很大成本进行帮助的人较少选择听取共情启动的版本。

Sibicky 等的研究显示 [10]，当帮助有益时，共情性关注得分与帮助行为呈显著正相关；当帮助最终会对受助者有害时，共情性关注得分与帮助行为显著负相关。 Batson [11] 认为个体体验到同情是被他人指向的关注性情绪所激发，从而可能帮助同情的对象（除非成本太高）。相反，个人痛苦却与减轻自己不适状态的自我中心的动机相联系。由个人痛苦激发的任何行为反应的目的都是试图安慰自己而不是他人。对于体验到个人痛苦的人，如果帮助他人是减轻自己痛苦的最容易的方法，他们会去帮助面对的那些痛苦的或贫困的他人。如果能够轻易地逃避接触那些贫困或痛苦的人，他们宁愿选择回避而不是帮助 [12]。

2．共情 - 同情 - 利他模型　Fabes 等 [13] 认为，共情对亲社会行为的影响是按“共情—同情—亲社会行为”这一模式产生的，共情性情感是对他人产生同情心的基础，而同情心又是对困境中他人实施亲社会行为的重要条件。

二、共情对于利他行为的动机性作用

总的来说，在共情与利他行为的关系假设中，主要有三种假设 [14]：①共情-利他假设，认为共情引发出共情性关注情绪，进而出现的帮助行为是真正的利他性的；②共情特异性的惩罚假设，认为助人动机是基于避免共情特异性的自我处罚；③负性情绪缓解假设，认为共情引起了抑郁、悲伤等负性情绪，继而引发个体产生助人动机，即通过帮助行为而缓解悲伤。不过，无论出于何种动机，共情性情感体验都与利他行为存在密切的联系。

（一）情感性共情与利他

生物体的内部奖赏机制可促进某些利他行为，如母亲在哺乳时其神经系统会释放催产素，使母亲感到愉悦。建立在共情基础上的直接利他行为具有相似的内在报偿特点，它提供给助人者一份内在情感红利，而外在回报相对来说就不那么重要了。对于直接利他行为，共情也许在动机上来讲是无意识的，但是从行为的平均和从长远效果来看，它仍然需要产生对进化有利的结果。共情在动物中的进化作为直接利他的主要近因机制，它引起的利他行为和亲缘选择以及互惠利他行为的最终目的是一致的[1]。

1．情绪感染与利他行为　共情是一个复杂的过程，其核心是情绪感染，这种对其他个体情绪的体验普遍存在于人类及其他动物中，而且在生命的早期即可出现。这种能力在进化中具有重要的意义，使得个体能够感受到其他个体的惊恐，从而发现自己处于危险中并及时地逃跑或躲藏；或感受到自己的后代和群体内成员的需求而给予帮助。另外，由情绪的协同而产生的动作模仿对动物群体也意义重大，与自己的族群保持同步时常关乎生死。

是什么使得个体能够如此快速、深切且真实地感受到其他个体的情绪状态和需求呢？Preston 和 De Waal[15] 提出了感知行动机制（PAM，perception action mechanism），即个体关注到其他个体的情绪时，自身相应的神经表征会自动且无意识地被激活，进而产生身体的协同反应，从而感同身受。这个解释与细胞层面上镜像神经元系统的发现相吻合。

情绪感染普遍存在于高级哺乳动物中，而且当个体越相似、越亲近时，这种感染和协同效应越强。比如实验室中猴子的拉链条行为能够帮助他们获得食物，但同时会导致其同伴受到电击，遭受电击的同伴会表现出痛苦的样子，此时猴子会拒绝再拉链条，研究者认为这证明了猴子会对同伴的痛苦感同身受，从而放弃本可以带来好处的行为[16]。对于人类，出现最早的情绪感染是新生儿的哭泣，当一个新生儿开始哭泣时，会引发一屋子新生儿一起哭泣，此时那个婴儿的不安情绪在整个房间里传播开来。研究证明，高共情反应的个体更倾向于无意识的模仿，而患有孤独症的个体不仅在共情反应上有缺陷，在模仿他人方面也存在缺陷[17]。

如上所述，情绪感染是共情反应最原始、最具温度的成分，是共情性关注和观点采择向着利他方向趋近的基础，如果没有情感的参与，共情的认知成分恐怕就只能是一个冰冷的外壳。

2．情感性共情与抵御行为　在除了人类的灵长类动物中，最典型的基于共情性关注的利他行为是和对方一起抵御攻击或危险[1]。这需要个体快速地反应，而且要产生很强的动机，因为这样做往往要冒着生命的危险。例如一只雌性的猩猩回应了自己同伴的尖叫，帮助同伴一起抵御一只强壮的雄性猩猩的入侵，她承受了巨大的风险，很有可能会被重伤。除了高度的情绪唤起之外，还有什么能解释这样的勇敢呢？

在某些动物园中，黑猩猩被养在一些人造的小岛上，周围被水隔绝，它们不会游泳，所以一旦落水，除非被营救，否则肯定会淹死。研究者曾质疑动物拥有共情的能力，认为黑猩猩肯定不会跳入水中救自己的同伴。但事实却不是这样，小岛上的黑猩猩不止一次的营救过自己落水的同伴，有时会救出同伴，有时甚至会有黑猩猩牺牲。在它们跳入水中的那一刻，很难想象它们是希望将来能有所回报才这样做的。这样迅速且强烈到忽略自身安全的救助动机，只有情绪参与才能唤起。

（二）认知过程与利他行为

随着共情反应的演化，认知过程逐渐参与进来，个体不仅仅可以感同身受，从当事人的角度体验到对方的痛苦，还可以从旁观者的角度，去关注对方所处的情景，评估造成困境的原因，并尝试去缓解对方的痛苦（如去安慰对方）。学者们称此为共情性关注，它在情绪感染的基础上产生，是一种情绪唤起反应，但不同于情绪共享，共情性关注是他人导向的，含有利他动机的[18]。

当心理学家们说到共情这个概念时，一定会包含观点采择的成分，强调理解另一个个体，站在对方的视角去感受他的境遇和需求。此时，个体不仅仅会感受到来自于他人的情绪唤起，还会做出真正使他人受益的行为，这需要个体有较高的自我同一性，既能感同身受，又不会过度卷入，失去自己的边界和客观的视角。有学者提出动物是否具有这样的能力也许可以通过测试它们对镜中影像的反应来判断。能从镜子中认出自己的动物往往会表现出较高级的共情能力（如观点采择），例如猿类、大象和海豚[1]。

1．共情性关注与安慰行为　研究发现黑猩猩在打架后会表现出安慰同伴的行为[19]。在目睹同伴间的冲突后，儿童对受害者也会表现出类似的安慰行为，包括主动的抚慰或搭话[20]。但是猕猴母亲看到自己受到伤害并表现出痛苦的后代，并不会表现出安慰行为[21]，这说明共情性关注并不是一种普遍存在的能力，因为共情性关注需要一定的认知能力，和黑猩猩相比，猕猴的因果推理能力和类比推理能力更差。

如上所述，共情性关注既包含情绪唤起又包含认知评估，是共情演化过程中承上启下的中间阶段，是产生直接利他行为的重要动因。

2. 观点采择与帮助行为　观点采择性共情最主要的一个表现即是为对方提供有的放矢的帮助，根据对方特定的情景和目标选出最贴合、最适宜的方法和手段。基于观点采择的利他行为的证据大多来自动物中一些惊人的轶事。例如，自从古希腊开始，有目的的帮助行为是用来形容鲸目动物的，海豚会把被渔网缠绕住的同伴拖出，它们还会帮助虚弱的同伴靠近水面免于溺水。动物园里的猿类除了帮助受困的同伴，有时还会基于饲养员的需求帮助饲养员。

研究发现黑猩猩能够理解同伴的处境，并主动做出有效的帮助行为，例如在七种不同的工具中挑选出同伴需要的那种并递给同伴[22]，这说明黑猩猩的利他行为是在理解了同伴目标的基础上做出的。人类也能够很精确地理解他人的观点和想法，并且能够将其与自己的观点和想法进行比较。当告知个体另一个人的困境，并要求想象那个人在困境中的感受时，个体就会表现出较强的共情反应，这也是常用于实证研究中的激发个体共情状态的方法。

在一项 fMRI 研究中，受试者被要求想象两组病人的感受，第一组病人对看上去不痛的轻柔的触摸表现出痛苦反应，而第二组病人对看上去很痛的外科手术操作表现出并不痛苦的反应。研究发现，当受试者对第一组病人产生共情反应时，受试者的正常疼痛共情反应区被激活（脑岛和前扣带回皮层），而当受试者想象第二组的感受时，参与观点采择（前额内部皮质）和认知控制（右侧额下回）的脑区被激活，同时这些脑区和情绪反应脑区（杏仁核）的功能连接加强了，也就是说认知功能参与了自发的情感反应的抑制[23]。人类认知功能的高度发达使得人类能够对和自己常识相悖的事情产生共情，保证了人类共情的灵活性。

综上所述，共情的三个成分（情绪感染、共情性关注、观点采择）可以组成一个层级结构，可以用“俄罗斯套娃”模型（Russian doll model）来比喻这个结构[24]。这个套娃的内核是情绪感染，其内在机制是感知行为机制（PAM），PAM 的外面是共情性关注，最外层是观点采择。由于不断增强的观点采择能力（依赖大脑前额皮质功能），共情变得更复杂，但仍保持与基本的感知行为机制（PAM）的连接。有一些物种（如人类、黑猩猩和大象等）表现了“俄罗斯套娃”的所有层级功能，但是大部分物种只显示了核心层功能。人类、黑猩猩和大象等物种的观点采择共情是怎样进化来的呢？其原因可能是这些物种有较长的生命周期，而且需被照顾的时间较长，因此塑造了强大的前额皮质功能，它备工作记忆、计划和抑制功能，从而形成了观点采择能力，进而增强共情的灵活性，促进有效的利他行为。

第二节 共情与情绪调节

一、共情与痛苦情绪

当我们看到他人正处于苦难和痛苦之中时，一方面体会到关注、替代性悲伤等共情性情感，另一方面也会体验到自身的不安和痛苦。而且这个“他人”与我们越亲近，我们就越会因他的痛苦而痛苦。所以关于共情的研究一次次地显现：共情性情感和个人痛苦这两种情绪反应往往会在我们感知到其他个体正处于困境时被引发；它们往往同时出现，而且会促进助人行为[25]。

（一）共情性情感与自身痛苦情绪的联系与区别

共情性情感与自身痛苦情绪的导向的动机不同。由于共情性情感与自身负面情绪这两种反应经常同时出现，所以它们很容易被混淆，但这两者的指向其实是非常不同的。共情性情感是一种他人指向的情绪反应，会激发出利他的动机减轻他人的痛苦；而个人痛苦是自我指向的情绪反应，会激发出利己的动机减轻自己的不安[26]。

虽然从理论上和经验上能够非常清晰地区分共情和个人痛苦，但是在实际情况中，却很难也没有必要绝对地区分它们。目前为止，我们对这两种情绪如何互相影响所知不多，所以去研究它们在同一段时间内如何共同演化会帮助我们更好地理解共情过程。

显然，很多情景都能同时引发共情性情感和个人痛苦，例如听到婴儿的哭声，虽然看似这两种情绪激发出的动机是截然相反的，但它们之间有潜在的重要联系[27]：首先，它们都包含那些因感知到他人痛苦而被唤起的情绪；另外，它们反映出的个体情感倾向和反应模式有时是一致的。甚至有研究报告这两种情绪存在正相关[4]。而且，有研究者换了一个思路，从发展性的视角来看待两者的关系，认为个人痛苦是共情的初级阶段（情绪感染），共情是在个人痛苦的基础上发展完善的。

举例来说，婴儿在听到别的婴儿的哭声时，也会反射性地哭泣，这是一种与生俱来的原始的共情唤起，此时对痛苦的体验还没有你我之分。进入幼年期之后，随着认知功能、自我意识的发展，儿童能够更好地进行自我和他人的区分，就能在感知到别人的情绪时，分清这个情绪的归属，进而逐渐学会调节自己由此而产生的情绪，使得共情反应向着更成熟的方向演进。这种循序渐进的演进也可以表现在单次的共情反应过程中，例如当我们刚听到婴儿的哭声时，可能会感到很心烦；但紧接着可能会感到心疼、焦急、可怜、同情等等与共情性关注有关的情绪，让我们去查看婴儿到底怎么了，并想办法帮他 / 她回到舒适的状态。

所以，只有在我们能够感受到并且认同对方的痛苦时，才会引发共情性关注，继而设身处地的给予对方所需的帮助，否则就变成了“站着说话不腰疼”。很多研究都表明父母的负性情绪会使养育行为更精心 [28]，必要的个人痛苦能够使父母对婴儿的状态更加敏感，从而使他们更悉心地照顾自己的孩子。

（二）共情性情感与自身痛苦情绪常相伴出现

在一般社会生活中，共情性情感与自身负面情绪常常同时出现，有学者提出也许是因为在测量个人痛苦时并没有精确区分哪些痛苦是自我导向的，而哪些痛苦又是共情性关注导向的。例如当父母听到自己的孩子在哭，但是却无法安抚好孩子，他们会感到焦灼、无助、沮丧、失控等等个人痛苦，这些痛苦即是共情性关注导向的，而这类个人痛苦自然会和共情反应呈现正相关 [29]。

Davis[30] 在设计人际反应指数（IRI）中的个人痛苦分量表时，明确表示这部分就是测量自我导向的个人痛苦情绪的，结果也显示个人痛苦与特质性共情反应、状态性共情反应均存在正相关，也就是说，个人痛苦水平较高的时候，共情反应的水平也较高。其他研究者也得到了类似的结论。这些结果在提示，当我们感知到他人的困境时，替代性的情绪反应会被激起，这些情绪既包括个人痛苦也包括共情性关注。

（三）共情性情感和自身痛苦情绪可能相互转化

无意识的、自我导向的个人痛苦是否能成功地转化为有意识的、他人导向的共情性关注，以及转化的程度如何，可能取决于一个人的人格发展水平。一般来说，人格发展越成熟、自我同一性越高，这种认知调节能力就越强。在临床实践中，我们经常可以感觉到具有边缘型或自恋型人格特点的来访者，在接触到他人的强烈情绪时，容易过度卷入或拒绝、否认他人的感受或需要，造成很多人际问题。

对于从事助人行业的人来说，将个人痛苦转化成共情性关注的能力至关重要。最近关于临床医生的研究表明，当他们目睹病人经受疼痛的医疗操作时，相对于对照组而言，那些与执行功能、自我调节、执行注意力有关的大脑皮层被激活了，但是疼痛矩阵并没有被激活。这似乎说明此研究中的临床医生在面对病人时，通过认知调节成功地减弱了自己的负性情绪反应，同时增强了共情性关注和观点采择。然而，这种调节并不是自动化的反应，它需要有意识的控制和努力，也会受个体认知能力和方式的限制[30]。

综上所述，当我们感知到他人的伤痛时，会自然而然地感到痛苦，但是作为拥有高级认知调节能力的人类，我们不会止步于个人痛苦，而是会将它转化为对他人的同情、关注、理解，并最终促使我们给出符合他人真正需要的帮助。

二、共情与愤怒情绪

（一）愤怒情绪

愤怒是人类的基本情绪，它最初的意义在于激发个体以最大的勇气和力量去打击来犯者，捍卫自己或群体的安全和利益。但随着人类社会文化的演变，愤怒的功能和意义已经发生了改变，目前较常见的愤怒的定义为：个体在遭遇攻击、羞辱的刺激下，感受到愿望受压抑、行动受挫折、尊严受伤害时所表现出的一种情绪体验，体验到这种情绪时往往伴随有难以控制的攻击或报复冲动以及相应的生理唤醒，比如呼吸变快、脸红、心跳加速、血压升高、肌肉紧绷等。

1．愤怒情绪的表现　研究发现，出生 3 个月的婴儿就会有愤怒的表现。限制婴儿探索外界环境，例如约束婴儿身体的活动、强制婴儿睡觉、限制他的活动范围、禁止他玩弄玩具等，均可引起他的愤怒。当幼儿的目的性行动受到阻挠或威胁时，也能唤起愤怒情绪，表现形式有哭叫、手足舞动等。随着年龄的增长，儿童或青少年由于愿望不能达成或与同伴争吵，会常常感到愤怒。进入成年期后，愤怒在很大程度上依赖于已形成的道德准则，往往因为感知到他人做了“不应该”的事情而产生怒气，比如“他不应该在众目睽睽下指责我”，或“她不应该没有打灯就并线”等等。

Spielberger 等[31]认为愤怒可分为状态性的和特质性的。状态性愤怒是由某个情景所引发的即刻体验，从愠怒到暴怒等有不同的强度，一般伴随着明显的生理反应，如心率加快、血压升高等，同时可出现认知调节困难和冲动行为。特质性愤怒反映的是个体的倾向性，指在各种情境中都有体验到愤怒情绪的倾向，愤怒情绪诱发的阈值低，对于竞争、拒绝和不公平容易产生愤怒。

2．愤怒情绪的处理方式　Spielberger 等[32]将愤怒的处理方式分为三类：内向怒（郁怒）、外向怒（发怒）和愤怒控制。其中内向怒指将愤怒压抑，防止其通过语言或行动而表露在外，但怒气并未因此而化解，而是转化成了内在的、指向自己的愤怒。而外向怒指将愤怒表露在外，反映在言语、躯体、面部表情或攻击行为上。愤怒控制是指使用更多的认知策略处理或解决矛盾冲突，从而缓解情绪体验、减少冲动行为。愤怒控制又可分为两种：即愤怒外控和愤怒内控。其中愤怒外控是对外向怒的控制，主要通过控制自己的表情、言语和行为等外部表现，避免自己的愤怒伤及外部环境中的人或物；愤怒内控是对内向怒的控制，主要通过情绪调节策略使个体能够逐渐去化解愤怒，趋向平静和放松。

为什么一个人会有易怒的倾向呢？认知理论认为，个体对外部事件的想法、解释和赋义对其情绪和行为有很大的影响。个人的情绪困扰起因于认知歪曲，即对实际情境或事件予以歪曲或错误的解释。已经有不少研究者对易怒个体在认知内容方面产生的偏差进行了研究，指出高愤怒特质的受试者比低愤怒特质的受试者对模糊情景（激怒意图不明确的情境）更倾向于认为是在针对自己，更倾向于有意归因，更容易感到愤怒，更多地指责他人，更容易将另一个人看作是敌对的一方，并产生报复冲动。

无论通过什么方式表达愤怒，经常体验到高强度的愤怒都是极具伤害性的，而总是用愤怒来防御内心的挫折感是一种僵化的反应模式，是缺乏有效情绪调节的表现。

（二）共情与愤怒调节

Parkinson 等[33]通过研究提出，在对愤怒情绪的调节上，2 ~ 3 岁的儿童大多数会使用那些避开愤怒情境的方式来调节自己的愤怒情绪；而随着年龄的增长，年长的儿童更倾向于使用那些有助于达到预期目的，但却不会对人际关系带来破坏的方式来调节自己的愤怒情绪。这说明，随着儿童心智化水平的提高，他们识别自身情绪状态的能力、理解他人目的和动机的能力，以及管理消极情绪的能力都得到了相应的提高。因为愤怒是一种自我中心的情绪，与指向他人的归因相关，难以被调节的愤怒往往都起源于误解了他人的动机，或夸大了他人的敌意，所以激愤难以平息，也难以通过建设性的方式来化解。所以，如果可以解除自我中心的状态，而从他人视角来进行认知重评，将对他人的理解和体谅整合进来，通常就会更加“包容”和“灵活”。这就是共情对于愤怒调节的作用。

三、共情与职业倦怠

（一）职业倦怠

1960年，美国作家Graham Greene出版了一本名为《一个倦怠的案例》的小说，书中描写了一位建筑师在事业巅峰之时却发现自己无法再从工作中找到意义而倍感空虚，而后不堪忍受精神上的痛苦和折磨，远走他乡，在非洲这片陌生的土地上重新开始生活，以期寻回人生价值的故事。书中首次出现了“倦怠（burnout）”一词。1974年，德裔美国精神分析治疗师Herbert Freudenberge发表了著名的文章《员工倦怠》，文中首次为职业倦怠下了定义，即“由于工作对工作者的能量、力量或资源的需求过度，而导致工作者的工作失败、精力耗竭或身心枯竭的状态”。

职业倦怠这一概念自70年代被提出之后，便被管理学和管理心理学等为企业组织服务的学科格外重视，涌现了大量的研究，研究的主要对象是那些社会服务行业，如教师、社会工作者、医务人员、心理治疗师、法律顾问等。

最广为接受的职业倦怠的操作性定义是由Christina Maslach[34]提出的，认为职业倦怠可归纳为三个维度：即情感耗竭、去人性化和自我效能感低下。

情感耗竭是职业倦怠的核心，也是最明显的表现。它指个体的情感资源过度消耗，变得疲惫不堪，无精打采，在情感上和行动上都想要远离自己的工作，以此来应对工作负荷。倦怠个体的典型表现之一就是想到第二天还要工作就会烦躁不安。

去人性化是指个体对待服务对象抱有消极的、冷漠的态度，对他们的诉求漠不关心，并且会责备他们给自己带来了麻烦，会尽量减少与工作对象的互动。而在那些必需的与工作对象互动的场景中，倦怠的个体会经常使用贬损的语言，一个典型的表现就是“官僚主义”的出现，他们会严格地按照教条刻薄地对待甚至刁难工作对象，而不是以满足工作对象的需要或解决实际问题为工作的导向。

个人效能感低下是指个体的工作胜任感和从中所取得的成就感降低，经常感到自己的工作没有意义、缺乏价值，很多职业倦怠的人会选择离开这个岗位，而无法离开的人会在工作中心不在焉、应付了事。

（二）职业倦怠的影响因素

职业倦怠是在工作情境中的个人体验，而且主要在特定的行业内流行，因此工作的性质应该是职业倦怠的重要影响因素。Schaufeli 和 Enzmann[35] 在两个国家（美国和荷兰）做了五个行业（教师、医务人员、社会工作者、心理医生、法律顾问）的调查，发现在两个国家中同行业人员存在相似的职业倦怠水平。Maslach 和 Leiter[36] 提出了职业倦怠的工作匹配理论，他们认为员工与工作越不匹配，就越容易出现职业倦怠。工作匹配的六个方面分别是：工作负荷（工作过量）、控制（控制中的不匹配与职业倦怠中的无力感有关，通常表明个体对工作中所需的资源没有足够的控制，或者指个体对使用他们认为的最有效的工作方式上没有足够的权威）、报酬（可以指经济报酬，更多的指社会、心理方面的回报）、社交（和工作场所中的其他人没有积极的联系，有可能由于工作把个体隔离或者总是需要面对与人的冲突）、公平（由工作量或报酬的不公平引起，或由评价和升迁不公平，带来情感衰竭和无力感）、价值（工作要求与个人价值观的冲突）。

Näring G 等 [37] 的研究表明，除了一般的工作压力源以外，工作所需的情绪调节能够解释更多的工作倦怠的变异，也是影响职业倦怠的重要因素。

由于情绪表现规范和情绪调节行为在组织中普遍存在，除了员工与顾客的服务接触过程，员工与同事、员工与上司之间的互动过程中都存在情绪调节行为 [38]，因而组织中的每一个成员，无论是普通员工还是管理人员，都有可能遭遇由于情绪调节而导致的工作倦怠。

从情绪调节的目标来说，通常组织要求员工尽可能地展现正面情绪，并且压抑负面情绪；另一方面，从情绪调节的策略来说，员工可能采用不同的方式来调节情绪，即表面表演和深层表演。其中，深层表演是指员工通过调节内心的情绪体验，从而使其外在的情绪表现满足组织的要求；而表面表演是指员工调节公众可见的情绪表现来满足组织的要求，但其内心的情绪体验并未改变。

研究表明，压抑负面情绪与情绪耗竭和去人性化正相关，与个人成就感无关；而展现正面情绪与个人成就感正相关，与情绪耗竭和去人性化无关 [39]。另外，不同的情绪调节策略对于工作倦怠的影响作用不同。当员工采用深层表演的方式进行情绪调节时，情绪表现与情绪体验较为一致；而如果采用表面表演的方式进行情绪调节，由于情绪表现与情绪体验的背离，则容易产生情绪失调，由此导致工作倦怠。众多的研究证实，表面表演与情绪耗竭正相关，而深层表演与情绪耗竭无关 [40]。

除了工作性质，研究者们还试图去探索什么样的人容易出现职业倦怠。许多研究表明，顽强性（hardiness，在日常事务中有较强的自主性，对自己的生活、工作有控制感，对变化持比较开放的态度）低的人在职业倦怠测评中分数更高，尤其是在情感耗竭这个维度。倾向于外控（不论好坏，把结果归因于外部，比如运气、贵人等）的人比倾向于内控（将结果归因于自己的努力或实力）的人在职业倦怠测评中分数更高。还有，应对风格和职业倦怠也存在相关，那些倾向于使用回避的、防御的策略来应对压力的人更容易出现职业倦怠；反之，那些主动、直面应对压力的人则更少倦怠，尤其是在个人效能感这个维度。另外，低自尊与职业倦怠的全部三个维度都存在相关。综上所述，有学者提出了倾向于职业倦怠的人格侧写：低顽强性、低自尊、外控、回避型的应对风格[41]。

（三）共情对职业倦怠的影响

共情和职业倦怠的关系似乎有些复杂，一方面，在一些需要高度情感卷入（尤其是痛苦体验）的工作情景中，共情性情绪反应会导致大量的内部资源被消耗，因为情绪的感染、卷入是一种消耗，认知的控制、调节亦是一种消耗，进入和走出另一个人的世界均会造成认知资源的消耗。如果工作强度过大或缺乏资源的补充，可能会影响个体的情绪状态、社交欲求，进而引发职业倦怠，尤其是情感耗竭。但另一方面，共情反应自身具有一定的情绪调节作用，尤其是共情性关注和观点采择的成分，会促使个体更好的区分自我和他人、自我和工作、自我和社会环境；在接触或产生各种情绪后，能够加工处理情绪信息，将情绪转化成理解他人和自己的工具，从而增强自身的适应性和心理弹性，在根源上避免了无力感和失控感，进而保护个体免于体验到耗竭和倦怠。

有研究显示，共情性关注与观点采择能力对护士的职业倦怠有积极的调节作用。Omdahl 和 O’Donnell[42] 研究发现，缺少共情性关注和情感交流的护士表现出较严重的去人性化；而具有低水平共情性关注、低情感交流以及较高的个人痛苦水平的护士表现出较低的个人成就感；此外，个人痛苦水平显著地预测了护士的情绪耗竭。这说明，在需要面对他人痛苦的医疗环境中（共情情景中），那些更多地感受到痛苦情绪的护士更容易出现情绪耗竭问题；而缺少共情性关注的护士，更容易在与患者沟通的过程中表现出倦怠行为，比如回避交流或敷衍了事。

出现以上情况的原因在于他人的痛苦往往会引发共情者的个人痛苦，如果没有充分地转化为共情性关注和观点采择，就容易造成情绪耗竭，因此个人痛苦成为职业倦怠的危险因素；而共情性关注和观点采择，则具有情绪调节效果，能够增强心理弹性和自我效能，因此成为职业倦怠的保护因素。

四、共情在情绪调节中的作用

情绪调节能力对生物体具有重要的适应性意义。它对个体身心健康的保持，认知活动的进行，以及和谐人际关系的建立等均具有重要意义。人类每天都在有意识或无意识地对情绪进行调节，以求适应环境的要求[43]。

（一）情绪调节的策略

尽管目前对情绪调节的确切定义存在分歧，但研究者们普遍认为，情绪调节（emotion regulation）是指个体对情绪的发生、体验与表达施加影响的过程。另一方面，Gross[44]提出的情绪调节过程模型认为，情绪调节发生在情绪产生的过程之中，不同的情绪调节策略分别在情绪发生、发展的不同阶段起作用。该模型指出，按照不同策略在情绪活动中起作用的时间阶段划分，可将常用的情绪调节策略分为 5 种类型：情境选择（situation selection）、情境修正（situation modification）、注意分配（attention deployment）、认知改变（cognitive change）和反应调节（response regulation）。有关情绪调节的研究多集中在后三种调节策略（注意分配、认知改变与反应调节）上。

1．情景选择与情境修正　在这 5 种情绪调节策略中，情景选择与情景修正分别作用于情绪产生的最初阶段，且两者的调节作用均是通过改变外界物理环境（如远离或改造情绪场景）来降低情绪事件（一般为负性事件）发生的概率或减小其影响力，从而实现情绪调节。可见，上述两种策略与个体认知过程的联系相对较弱。

2．注意分配　注意分配已被现有研究证明能够显著影响人脑对情绪材料的情绪反应。对于给定情绪刺激，个体可以将注意集中于材料的情绪属性本身，即注意聚焦（attention focus），也可以将注意资源指向刺激材料的情绪无关属性，即注意转移（attention distraction）。大量神经成像研究表明，与对情绪材料的注意聚焦相比，注意转移将显著降低个体对材料的情绪反应。因此，若对负性事件进行持久的注意聚焦，则常会导致抑郁症状的出现[45]。

3．认知改变　认知改变也被称为认知重评（cognitive reappraisal），主要通过改变对情绪事件的理解以及赋予其意义来进行情绪调节，如安慰自己这只是小事情或别人这么做并不是针对自己等。认知重评是一种试图以更加积极的方式去理解那些让人产生挫折、生气、厌恶等负性情绪的事件，或者对情绪事件进行合理化解释的情绪调节策略。临床心理学常用的合理情绪疗法，便是通过使用这种认知改变策略以调节个体对诱发性事件的情绪体验。

4．反应调节　反应调节则是一种关注反应的策略，主要是通过主动抑制将要发生或正在发生的情绪表达行为，从而降低主观情绪体验。因此，该策略又常被称为“表达抑制”[43]。然而，表达抑制策略对情绪调节的影响效果迄今并未取得一致的研究结论：有研究发现，尽管使用表达抑制策略进行情绪调节减少了情绪表达行为，但该策略并不能有效降低个体的负性情绪体验，相反还可能会增强这一体验[46]。

综上所述，无论是注意分配、认知改变还是反应调节（表达抑制），均致力于主动改变已产生的情绪。而与上述策略不同，近年来研究者提出一种被动策略——接受策略（acceptance）：主张从认知上接受既有的情绪事件及其影响，不做任何尝试去改变已产生的情绪体验。有研究发现，习惯采用接受策略调节不良情绪的受试者具有较低的抑郁水平[47]。另外，相比主动抑制负面情绪及其表达，接受策略能更为有效地降低个体的负性情绪体验。

（二）情绪调节的个性差异

情绪调节是我们每天都在做的事情，但我们会发现在调节自己的情绪时，每个人会有自己的倾向性，Hofmann 和 Kashdan[46]将个体进行情绪调节时的个体差异称为情感风格（affective style），并提出三种不同的情感风格。①隐藏风格：个体通过采取压抑或者其他反应聚焦策略来隐藏情绪或者逃避已经出现了的情绪反应。②调节风格：个体在适应性问题解决过程中善于接收和运用情绪信息，能根据情景的需求更好地调节情绪体验和情绪表达，从而对由不良刺激和惩罚所引起的消极情绪进行调节或平衡。③接受风格：个体采取一种令他人感到舒适和无防御的方式来面对已经产生的情绪。

不同情感风格个体的情绪调节效果不一样。当个体有意识地去压抑自己的情绪时，就会增强其生理上的唤醒，但是并不能减弱情绪主观体验[48]；当个体无意识地对情绪的表达进行抑制时，就能减低情绪主观体验。具有调节风格的个体会根据情景的变化来调节情绪体验和情绪表达。当个体对唤起情绪体验的刺激持有接纳的态度，而不是努力去改变或者避免这种主观情绪体验时，负性情绪体验就会更少。

从上述研究中可以看出，“接纳”是良好的情绪调节的关键词，也是情绪调节过程的第一步，只有先接纳情绪传递给我们的全部信息，才能恰当地处理和加工这些信息，进而对体验和行为进行调节。同时，处理情绪信息的能力也至关重要，这涉及更高级的认知过程，让我们能够分析和理解情绪产生的原因、情绪背后自己或他人的需要和动机，从而根据情势，灵活地应用各种反应策略来化解情绪带来的压力。

（三）共情与情绪调节的关系

很多研究表明情绪调节能力和共情特质有密切的联系。Eisenberg 等 [49] 研究发现，富有同情心的儿童通常很会调节自己的情绪，可以控制自己的情绪感觉和行为。Batson 等 [50] 认为，共情使人更容易意识到另一个人的需要以平息自己的情绪。而 Tyner[51] 则认为共情过程带来的情感共鸣和充分理解，可以提升共情者的内在感受并能缓解孤独。高共情特质的个体，更容易从与他人的交往中体验到温情和理解，感受到价值和意义，获得支持和滋养，往往具有更高的主观幸福感，生活满意度更高。

另一方面，情绪调节能力强的个体可能会有更多的共情体验，因为高情绪调节能力个体能够在体验和表达上对自身的情绪反应进行调节，从而有能力对他人的负性情绪产生共情性关注。而低情绪调节能力个体缺少包容和转化负性情绪的能力，所以在接触到他人的不幸时，会体验到更多的个人痛苦 [52]，进而采用回避或否认的策略来回应他人的痛苦和需要，这种回应增加了人际间的隔阂，使得个体与自己和他人的情感更加疏离。

第三节　共情与人际冲突解决

一、人际冲突的管理

人际冲突是一个非常复杂的概念，至今仍然没有一个公认的、为多数学者普遍接受的定义。近年来人际冲突的概念界定工作取得了一些突破性的成果。Barki 和 Hartwick [53] 综合了前人的研究成果提出了一个完整清晰的人际冲突概念：人际冲突指的是发生在相互依赖的个体和群体间互相知觉到的各自既定目标的不一致、出现了干涉行为，同时伴有消极情绪体验的动态过程。

Barki 等 [54] 认为人际冲突的定义中存在三个主题：争执、消极情绪和干涉行为。这三个主题涵盖了认知、情感和行为三个方面，它们独立或者相互组合，构成了已有文献中人际冲突研究的主要特征或重要因素。只有当某个特定事件完全包含了这三种成分时，才能被称为人际冲突。仅包含一种成分或包含任意两种成分的组合，都不能称之为人际冲突。

关于人际冲突的来源，既有来自于外部环境的因素，如资源稀缺、模糊的权利划分、利益分配不均、社会等级阶层、文化习俗、宗教信仰的差异等；也有基于个体自身的因素，如个性差异、角色冲突、个体对自由的追求（想尽量摆脱组织或他人的束缚）、目标和态度的差异性、认知冲突、错误归因等；还有内外交互作用的因素，如沟通障碍、情感冲突等。有时个体在冲突还未完全爆发时会体验到一些消极情绪，如压抑、愤怒、委屈等，这些情绪极有可能使双方的敌对状态迅速加剧，导致攻击行为（例如指责、冷暴力、躯体冲突等）。而且激烈的情绪往往会导致循环往复的报复性行为，使冲突不断升级，陷入了一种连锁反应的状态，即所谓的“冲突螺旋”[55]。

很多情况下冲突都是在所难免的，如何化解人际冲突是学者们更关注的问题。基于前人的研究，Rahim 等[56]提出了5种冲突化解方式：整合（integrating）、忍让（obliging）、支配（dominating）、逃避（avoiding）和妥协（compromising），这个模型以人们在冲突中多大程度上关心自己和多大程度上考虑别人为两个维度，描绘出冲突状态下人的动机指向。Sexton 和 Bowerman[57]依据个体在冲突解决中的角色，将冲突管理分为5种类型：求成功者、中立者、避免失败者、独裁主义者、平等主义者。Putnam 和 Wilson[58]发现多数人际冲突主要源自沟通的过程，他们发展出一套以沟通为基础的冲突管理模型，提出3种沟通模式：逃避沟通、以问题解决为导向的沟通和以控制为导向的沟通。

近年来学者们发现在冲突管理情景中，一般人通常会同时采用几种不同的冲突化解方式。而且，运用多种冲突化解方式的人比仅仅使用单一方法的人更能有效地处理冲突。另外，有些冲突化解方式在效果上明显优于其他方式，例如整合和妥协（包括问题解决、过程控制等方法）就比支配和逃避效果要好。因为，问题解决和过程控制这样的方法着眼于事件本身和共同目标，淡化了情绪张力和个人风格的差异，能够运用这样的方法，说明个体既关注自己的利益，也能为他人考虑，能够有效地调节自己的情绪，用合作性和建设性的方式来处理分歧。可以看到，我们提倡的冲突化解方式并不是压抑或逆来顺受，这样的方法虽能带来暂时表面上的“和谐”，但从长远来看，是不利于个体和人际关系的。只有清楚表明并坚持自己的边界，同时也尊重他人的边界，这样才能达到真正的“和谐”。这种既理解并关怀体谅他人，又能够划清自己和他人之间边界的能力正是共情能力，基于良好的共情能力，个体才能创造性地化解冲突，将人际关系中的危机转化成生机。

二、共情在人际冲突管理中的作用

（一）缺乏共情的表现

在人际冲突情境中，个体往往会感觉到自己被侵犯或伤害，产生强烈的负性情绪，这些情绪是人际冲突的导火索和助燃剂，所以要想化解冲突，对情绪的干预是第一步。具有反社会型人格特点（例如马基雅维利主义、自恋以及精神病）的个体在人际冲突发生后，更倾向于采取报复性行为，更难以原谅他人对自己的侵犯，这与他们在冲突情境中缺乏共情反应有关（主要是共情性关注和观点采择这两个成分）[59]。经历过躯体虐待的儿童在面对他人的“烦扰”时，往往会吓唬或攻击他们，而很少表现出关心或好奇。在高压粗暴的环境中成长的孩子，会表现出更多的攻击性，共情的发展也会受阻。在这些临床案例中，家庭环境往往都是充满冲突和愤怒的，这使得生活在其中的孩子也发展出愤怒和攻击的倾向，因为一旦受到刺激或挫折，那许多染着愤怒色彩的回忆就会被激活[60]。可见，个体处理人际冲突的倾向（是理解还是愤恨，是宽恕还是攻击报复），在很大程度上受成长环境的影响。因为婴儿的内心是一片混沌的，反应方式也是非常单一僵化的，只有在养育者的不断镜映和反馈之下，才能逐渐发展出心智化能力，个体只有在体验过被理解、接纳和原谅之后，才能够推己及人，去理解、接纳和原谅他人。所以，父母或其他养育者提供的共情质量，直接影响到个体成年后的共情能力，进而影响个体处理人际冲突的风格和灵活性。

（二）共情与宽恕

在对人际冲突过程中的愤怒情绪管理的过程中，宽恕常被认为是调节愤怒情绪的重要策略。宽恕长期以来都是东西方哲学和神学探讨的一个主要课题，关于宽恕并没有一个统一的定义，但 Enright[61] 的观点被许多心理学家所接受。他从知、情、意的心理结构出发，将宽恕界定为个体宽恕时，在认知方面不再持谴责性的判断和报复念头，而表现为积极的思维活动，如祝福和尊重对方；在情感方面，愤怒、憎恨、忧伤等消极情绪逐渐被中性情绪所替代，最终转化为积极情绪，如表现出同情和爱心；在行为方面，不再有报复性举动，而愿意与对方共同参与某些活动或提出建议。所以宽恕有助于化解人际冲突，改善人际关系，同时宽恕的能力和意愿也被认为是心理健康和人格发展完善的特征之一。

宽恕为何能够缓解愤怒、怨恨等情绪呢？其主要原因在于，宽恕他人的时候主要运用认知性的共情策略，即通过尽量从对方的角度来看待问题，从而理解和接受对方与自己差异，并由此减少愤怒和怨恨的情绪。在这个过程中，共情反应起到了重要作用，从某种角度来说，愤怒和共情反应是相互抑制的，愤怒一旦被激活则会干扰或阻碍共情反应。那些富有攻击性的个体往往存在社会认知上的扭曲，不能很好地理解他人的意图和情绪，也不能平和地表达自己的需要和感受，所以一旦和他人出现分歧，就容易爆发冲突，而一旦爆发冲突，就容易迅速升级，难以化解[62]，而如果共情反应占据优势，个体就不会感到强烈的愤怒，因为共情反应带来的他人视角能够调节自我中心的愤怒情绪。

（张丝艳）

参考文献

[1] De Waal F B M. Putting the altruism back into altruism：The evolution of empathy[J]. Annual Review of Psychology，2008，59（1）：279-300.

[2] De Vignemont F，Singer T. The empathic brain：How，when and why?[J]. Trends in Cognitive Sciences，2006，10（10）：435-441.

[3] Maclean P D. Brain evolution relating to family，play，and the separation call[J]. Archives of General Psychiatry，1985，42（4）：405-417.

[4] Febo M，Numan M，Ferris C F. Functional magnetic resonance imaging shows oxytocin activates brain regions associated with mother-pup bonding during suckling[J]. Journal of Neuroscience the Official Journal of the Society for Neuroscience，2005，25（50）：11637-11644.

[5] Moll J，Krueger F，Zahn R，et al. Human fronto-mesolimbic networks guide decisions about charitable donation[J]. Proceedings of the National Academy of Sciences of the United States of America，2006，103（42）：15623-15628.

[6] Harbaugh W T，Mayr U，Burghart D R. Neural responses to taxation and voluntary giving reveal motives for charitable donations[J]. Science，2007，316（5831）：1622-1625.

[7] Huber J T，Macdonald D A. An Investigation of the Relations Between Altruism，Empathy，and Spirituality[J]. Journal of Humanistic Psychology，2012，52（2）：206-221.

[8] Coke J S，Batson C D，Mcdavis K. Empathic mediation of helping：A two-stage model[J].

Journal of Personality & Social Psychology，1978，36（7）：752-766.

[9] Archer R L，Diazloving R，Gollwitzer P M，et al. The role of dispositional empathy and social evaluation in the empathic mediation of helping[J]. Journal of Personality & Social Psychology，1981，40（4）：786-796.

[10] Sibicky M E，Schroeder D A，Dovidio J F. Empathy and Helping：Considering the Consequences of Intervention[J]. Basic & Applied Social Psychology，1995，16（4）：435-453.

[11] Batson C D，Shaw L L. Evidence for Altruism：Toward a Pluralism of Prosocial Motives[J]. Psychological Inquiry，1991，2（2）：107-122.

[12] Maner J K，Luce C L，Neuberg S L，et al. The Effects of Perspective Taking on Motivations for Helping：Still No Evidence for Altruism[J]. Personality & Social Psychology Bulletin，2015，28（11）：1601-1610.

[13] Fabes R A，Eisenberg N，Miller P A. Maternal correlates of children’s vicarious emotional responsiveness[J]. Developmental Psychology，1990，26（4）：639-648.

[14] Schaller M，Cialdini R B. The economics of empathic helping：Support for a mood management motive [J]. Journal of Experimental Social Psychology，1988，24（2）：163-181.

[15] Preston S D，De Waal F B M.17. The communication of emotions and the possibility of empathy in animals[M]// Altruism and Altruistic Love：Science，Philosophy，and Religion in Dialogue. 2012：284-308.

[16] Masserman J H，Wechkin S，Terris W. “Altruistic” behavior in rhesus monkeys[J]. American Journal of Psychiatry，1964，121（121）：584-585.

[17] Chartrand T L，Bargh J A. The chameleon effect：The perception-behavior link and social interaction[J]. Journal of Personality & Social Psychology，76（6）：893-910.

[18] Eisenberg N. Emotion，regulation，and moral development[J]. Annual Review of Psychology，2000，51（51）：665-697.

[19] Kutsukake N，Castles D L. Reconciliation and post-conflict third-party affiliation among wild chimpanzees in the Mahale Mountains，Tanzania[J]. Primates; journal of primatology，2004，45（3）：157-165.

[20] Fujisawa K K，Kutsukake N，Hasegawa T. Peacemaking and consolation in Japanese preschoolers witnessing peer aggression[J]. Journal of Comparative Psychology，2006，120（1）：48-57.

[21] Schino G，Geminiani S，Rosati L，et al. Behavioral and emotional response of Japanese

macaque (Macaca fuscata) mothers after their offspring receive an aggression[J]. Journal of Comparative Psychology, 2004, 118 (3): 340-346.

[22] Yamamoto S, Humle T, Tanaka M. Chimpanzees' flexible targeted helping based on an understanding of conspecifics' goals[J]. Proceedings of the National Academy of Sciences of the United States of America, 2012, 109 (9): 3588-3592.

[23] Lamm C, Meltzoff A N, Decety J. How do we empathize with someone who is not like us? A functional magnetic resonance imaging study[J]. Journal of Cognitive Neuroscience, 2010, 22 (2): 362-376.

[24] De Waal F B. The antiquity of empathy[J]. Science, 2012, 336 (6083): 874-876.

[25] Batson C D, Fultz J, Schoenrade P A. Distress and Empathy: Two qualitatively distinct vicarious emotions with different motivational consequences[J]. Journal of Personality, 1987, 55 (1): 19-39.

[26] Batson C D, Duncan B D, Ackerman P, et al. Is empathic emotion a source of altruistic motivation?[J]. Journal of Personality & Social Psychology, 1981, 40 (2): 290-302.

[27] Zahnwaxler C, Radkeyarrow M. The origins of empathic concern[J]. Motivation & Emotion, 1990, 14 (2): 107-130.

[28] Leerkes E M. Predictors of maternal sensitivity to infant distress[J]. Parenting Science & Practice, 2010, 10 (3): 219-239.

[29] Lin H C, Mcfatter R. Empathy and distress: two distinct but related emotions in response to infant crying[J]. Infant Behavior & Development, 2012, 35 (4): 887-897.

[30] Davis M H. Measuring individual differences in empathy: Evidence for a multidimensional approach[J]. Journal of Personality & Social Psychology, 1983, 44 (1): 113-126.

[31] Spielberger C D, Johnson E H, Russell S F, et al. The experience and expression of anger: Construction and validation of an anger expression scale[J]. Anger and hostility in cardiovascular and behavioral disorders, 1985: 5-30.

[32] Spielberger C D. State-trait anger expression inventory (STAXI) [J]. 1991: 292-321.

[33] Brian Parkinson, Peter Totterdell. Classifying affect-regulation strategies[J]. Cognition & Emotion, 1999, 13 (3): 277-303.

[34] Maslach, C. Burnout[J]. Human behavior, 5 (9), 1976, 16-22.

[35] Schaufeli W, Enzmann D. The burnout companion to study and practice : a critical analysis[M]// Boca Raton : CRC Press, 1998: 111-112.

[36] Maslach C, Jackson S E, Leiter M P. The maslach burnout inventory manual[M]// Evaluating Stress: A Book of Resources. 1996: 191-218.

[37] Gérard Näring，Mariette Briët，André Brouwers. Beyond demand-control：Emotional labour and symptoms of burnout in teachers[J]. Work & Stress，2006，20（4）：303-315.

[38] Diefendorff J M，Greguras G J. Contextualizing emotional display rules：Examining the roles of targets and discrete emotions in shaping display rule perceptions[J]. Journal of Management，2009，35（4）：880-898.

[39] Dieter Zapf，Melanie Holz. On the positive and negative effects of emotion work in organizations[J]. European Journal of Work & Organizational Psychology，2006，15（1）：1-28.

[40] Chau S L，Dahling J J，Levy P E，et al. A predictive study of emotional labor and turnover[J]. Journal of Organizational Behavior，2009，30（8）：1151-1163.

[41] Maslach C，Schaufeli W B，Leiter M P. Job Burnout[J]. Annual Review of Psychology，2003，52（1）：397-442.

[42] Omdahl B L，O' Donnell C. Emotional contagion，empathic concern and communicative responsiveness as variables affecting nurses' stress and occupational commitment[J]. Journal of Advanced Nursing，1999，29（6）：1351-1359.

[43] Gross J J，Thompson R A. Emotion regulation：Conceptual foundations[M]// Gross J J. Handbook of emotion regulation. New York：Guilford Press，2007，3-24.

[44] Gross J J. Antecedent- and response-focused emotion regulation：divergent consequences for experience，expression，and physiology[J]. Journal of Personality & Social Psychology，1998，74（1）：224-37.

[45] Romens S E，Pollak S D. Emotion regulation predicts attention bias in maltreated children at risk for depression[J]. Journal of Child Psychology & Psychiatry，2012，53（2）：120-127.

[46] Hofmann S G，Kashdan T B. The affective style questionnaire：Development and psychometric properties[J]. Journal of Psychopathology & Behavioral Assessment，2010，32（2）：255-263.

[47] Hayes，S. C.，Luoma，J. B.，Bond，F. W.，et al. Acceptance and commitment therapy：Model，prcesses and outcomes[J]. Behaviour research and therapy，2006，44（1），1-25.

[48] Mauss I B，Bunge S A，Gross J J. Automatic emotion regulation[J]. Social & Personality Psychology Compass，2010，1（1）：146-167.

[49] Eisenberg N，Murphy B C. Parents' reactions to children' s negative emotions：relations to children' s social competence and comforting behavior[J]. Child Development，1996，40（5）：138-156.

[50] Batson C D，Turk C L，Shaw L L，et al. Information function of empathic emotion：

Learning that we value the other' s welfare[J]. Journal of Personality & Social Psychology, 1995, 68 (2): 300-313.

[51] Tyner R. Elements of empathic care for dying patients and their families[J]. Nursing Clinics of North America, 1985, 20 (2): 393-401.

[52] Panfile T M, Laible D J. Attachment security and child' s empathy: The Mediating Role of Emotion Regulation[J]. Merrill-Palmer Quarterly, 2012, 58 (1): 1-21.

[53] Barki H, Hartwick J. Conceptualizing the construct of interpersonal conflict[J]. International Journal of Conflict Management, 2004, 15 (3): 216-244.

[54] Barki H, Hartwick J. Interpersonal conflict and its management in information system development[J]. Mis Quarterly, 2001, 25 (2): 195-228.

[55] 戴健林，王乐伟．人际冲突来源的理论与实证研究 [J]. 心理科学，2009 (5): 1186-1188.

[56] Rahim A, Bonoma T V. Managing organizational conflict: a model for diagnosis and intervention [J]. Psychological Reports, 1979, 44 (3): 1323-1344.

[57] Sexton M J, Bowerman K D. Conflict-handling for secondary school principals[J]. Nassp Bulletin, 1979, 63: 1-10.

[58] Putnam L L, Wilson C E. Communicative strategies in organizational conflicts: Reliability and Validity of a Measurement Scale[J]. Annals of the International Communication Association, 1982, 6 (1): 629-652.

[59] Giammarco E A, Vernon P A. Vengeance and the dark triad: The role of empathy and perspective taking in trait forgivingness[J]. Personality & Individual Differences, 2014, 67 (67): 23-29.

[60] Strayer J, Roberts W. Empathy and observed anger and aggression in Five Year Olds[J]. Social Development, 2004, 13 (1): 1-13.

[61] Enright R D, Fitzgibbons R P. Helping clients forgive: An empirical guide for resolving anger and restoring hope[J]. American Journal of Clinical Hypnosis, 2000, 46 (4): 361-363.

[62] Coie J D, Dodge K A. Aggression and antisocial behavior[C]// Damon W, Eisenberg N, Handbook of Child Psychology. 1998: 779-862.

7 职业助人者的共情行为

不是血肉的联系，而是情感和精神的相通使一个人有权利去援助另一个人。

——柴可夫斯基

第一节 职业助人者的职业胜任力与共情

助人者通常是指那些帮助他人克服或处理各种问题的人。我们每个人在生活中的都有可能在某个时刻成为助人者，但是大多数人不是把帮助别人作为一项职业。而职业助人者则是指那些具有专业背景、以助人为专职工作的职业人群。一般指从事公共服务或者医疗保健的人员，如医护人员、心理咨询师和社会工作者等。从更宽泛的角度来说，那些以人为服务对象、以个人或群体的福祉和健康为服务内容的职业也属于助人行业，如教师、人力资源师或司法工作者等。

职业助人者的一个共同点就是他们都需要与服务对象进行面对面地交流和沟通，而且只有在服务对象配合的基础上才能完成工作任务。因此，对这类工作者来说，能否与工作对象建立良好的人际关系就是非常重要的。而建立良好人际关系的前提就是这些助人者需要具有较好的理解他人情感和想法的能力。因此，共情能力通常都是助人者职业胜任力的核心考核因素。

职业胜任力，主要是指那些能够取得良好工作业绩的个人特征。“胜任力”这个概念最早由哈佛大学教授麦克利兰[1]在《测量胜任力而非智力》中正式提出。麦克利兰在对一些工作绩效高的员工进行研究时，发现他们具备一些优于工作平庸者的重要特征，于是将这些特征命名为胜任力。胜任力包括专业知识、身体条件、个性、动机、态度，以及价值观等可以被测量和比较的个体特征。由于胜任力能够较好地预测人们的工作绩效，因此，人们越来越重视通过胜任力的测量来筛选那些适合助人者职业的专业人员。

针对胜任力的主要成分，麦克利兰提出了冰山模型。他认为胜任力就像一座冰山，分为外显和内隐两部分。外显的胜任力因子恰似冰山位于水面上的部分，是可看和易于测量的，如知识、技能和身体外形等；而内隐的胜任力则像冰山位于水下的部分，是深藏的和难以测量的，如社会角色、自我概念、性格特质、态度和动机等。那些外在的条件通常容易判断和改变，而那些内在条件则不太容易判断、也不容易改变，但是这些内在因素也直接影响工作绩效。例如一个专业知识和能力很强的人没能按时完成工作任务，其原因不是因为专业能力问题，而是因为恃才傲物被领导批评后就开始消极怠工，结果造成工作失利。而这种恃才傲物、缺乏合作意识的内在的性格特征通常在初期并不容易被测量，也不容易改变，但却是影响工作绩效的重要因素。因此，在评估一个人的职业胜任力的时候，不仅要评估其学历、专业知识与技能等外显特征，还要评估动机、兴趣、性格和价值观等内隐特征。

对于助人者职业胜任力来说，助人者职业的胜任力要素非常多且难以直观测量，而内隐胜任力显得更为重要。因为助人者职业对象是人，因此在工作的时候，需要与服务对象不断进行情感的沟通和思想的交流。这样，助人者不仅需要具有专业知识和技能处理专业问题，如医务人员利用医学知识进行检查、治疗或护理；还需要具备较高的人际交往兴趣、利他主义动机，以及较强的情绪管理能力、影响他人的能力和人际沟通能力等，如医务人员在医疗的同时还要能够与患者建立良好的医患关系、安抚患者的情绪、帮助患者做出合理的医疗决策甚至处理家庭问题等。

在职业助人者的诸多胜任力中，共情能力是核心胜任力之一。因为只有具备共情能力，助人者才能够理解受助对象的情绪、情感和需要，并且能够恰当表达这种理解和关心，保证工作目标的实现和工作任务的达成。

一、医务工作者的职业胜任力与共情

（一）医务工作者的职业胜任力

医务工作者主要指的是从事医疗卫生服务工作的职业人群，一般是指与患者密切接触的医生和护士。在人类的传统文化中，医护人员都是最具人文情怀的职业。中国古代即有“医者仁心”“悬壶济世”的提法，美国特鲁多医生提出的医护人员“偶尔去治愈，常常去帮助，总是去安慰”的观点，都表明了医务工作不单为了治疗疾病，还兼有慰藉心灵的神圣职责。因此，作为一名医生，所具备的就不应只是医疗知识，还要具备关怀体谅他人的态度和抚慰他人的能力。

基于人们对疾病认识的转变，关于医务工作者的职业教育也在发生改变。在医学生的培养方面，最初人们只注重以传授科学知识的方法来培养医学生，医学生的主要任务是用所学的知识对付细菌、病毒等外来侵入物，而这种学习模式的后果是医务工作者有的时候对患者本人的关注度不够，认为患者只要听从医生安排即可。后来，随着医疗技术的提升，很多病毒、细菌感染等外源性病因的疾病得以有效控制，而由生活方式、饮食习惯、性格特征等引发的内源性疾病的患病率越来越高，如高血压、糖尿病、心血管疾病等，而这类疾病的治疗越来越需要依赖患者的配合。因此，对医学生的培养也开始重视培养系统性思维和问题解决能力，并且开始注重培养以职业胜任力为核心的医学生人格的全面塑造。

那么作为一名医生，应当具备哪些基本的能力呢？美国医学研究生教育认证委员会（ACGME）为此制订了医师胜任力模型，提出作为一名执业医师应当具备 6 项基本的胜任力，分别是照顾患者的能力、医学知识、以实践为基础的学习能力、人际沟通能力、职业伦理和系统实践能力[2]。此外，加拿大医学教育指导条例（CanMEDS）指出，临床医师主要有 7 种角色，分别是医学专家、沟通者、协作者、健康倡导者、管理者、研究者和专业人员[3]。我国关于医生胜任力的研究也显示，那些表现优秀的医生通常都是除了具备扎实的业务能力、敏锐的洞察力、积极上进的专业态度之外，还具备有效沟通、善于表达的能力以及人文关怀的意识[4]。一项关于我国农村全科医生胜任力的研究[5]也发现，除了基本公共卫生服务能力、临床基本能力、系统分析能力、信息管理能力之外，沟通与合作能力、职业伦理能力、个人特质和心理适应性也是医生胜任力的主要内容，而且这些因子能够显著预测全科医生的工作绩效。

西方有一句民谚，为“医生负责治愈、护士负责关怀”。由此可见，医护人员中，护士的主要职责是关怀照顾患者，而在身体照顾的同时，也要能安抚患者的心灵。因此，对于护士的职业胜任力的培养过程中，除了护士的基本护理、个人发展等基本能力之外，还应特别重视护理价值指向、专业精神、关怀能力的培养。这一点在国外的护士培养体系中受到特别的重视。对于我国来说，目前对于护士的职业胜任力的培养还是以临床护理能力、专业发展能力为主，不过也开始重视护士的领导力、人际关系、法律与伦理意识等能力的培养。

从这些医护人员的胜任力模型、角色界定，以及培养方案中可以看出，照顾能力、人际沟通能力是医护人员必不可少的核心能力，而这些能力正是与共情要素息息相关的。

（二）医务人员的临床共情

1. 医务人员的共情 医务人员的共情，指的是医务人员为了增进治疗关系，促进诊疗有效性而对患者之间建立的一种暂时性的认同或情感上的会意。也就是说，在医务人员的工作时间内，需要与患者暂时性地建立情感上的连接和认同，以便增进彼此的信任，达成良好的治疗联盟，其最终目的是能够让患者得到心理和躯体的照顾，实现治疗疾病、恢复健康的目标。人们发现那些能够主动去体谅患者的感受、与患者交流感受的医护人员的工作满意度更高，治疗过程更加顺利，患者也更加信任和配合医疗过程。而医护人员的这种投入情感、与患者分享情感的过程，也就是一种共情过程。

此外，医务人员的共情，也是指医护人员的一种认知性的品质（相对于情感的），既包括对患者内在体验的理解，也包括将这种理解传达给患者的能力。

在评价医务人员的共情能力时，可以从三个维度来测量：观点采择、共情性关注和站在患者的立场上[6]。观点采择是指能够理解患者的情感，想法和意图；共情性关注是指医务人员对患者产生热心的、同情的、关心的情绪体验；站在患者的立场上，是指医务人员在诊疗风险的评估、治疗措施的选择等方面，都是以患者的利益作为衡量的依据。从这个定义来看，医护人员的共情涉及的不仅是简单的双方的言语交流和情感连接，而是体现了医护人员以患者为中心的治疗思想。

因此，综合来看，临床医护人员的共情，是指医务人员能够识别和理解患者情绪，并且对患者的情感需求给予恰当回应，从而促进临床医疗效果的行为。

关于医务人员的共情行为研究发现，医务人员存在一些性别、教育背景、工作价值指向等方面存在共情差异。例如，人们发现女性医生的共情水平一般要高于男性医生，表现为女医生对患者的共情机会更加敏感，也比男医生表现出更高的共情水平[7]。此外，那些强调以病人感受为中心（病人指向）的专家在共情评分上要高于那些强调以技术为核心（技术指向）的医生，精神科医生的共情水平也高于其他科室的医生[8]。

2. 医务人员的共情表达 Suchman[9]提出一个医生共情行为的表达模型。他在研究医院就诊时的录像带时发现病人很少用口头语言来表明他们的情绪的糟糕，而是提供了一些口头的“线索”，被称为潜在的共情机会。医生则应当利用好这些机会，帮助病人表达他们的情感，让他们感到被理解。

在实际临床工作中，并不是每一个医务人员都能充分地与患者共情，而且有很多人也不太清楚什么行为算是好的共情行为。Bylund[7]在观察和分析了100个内科医生与患者沟通的录像和资料后，发现医生的共情性沟通行为可以分为不同的水平。从低到高（0-5级）有六个水平：0级意味着医生完全没有与患者产生情感的交流，5级表明医生与患者有深入而真实的情感连接，并且有比较恰当的共情行为。通常3级以上的沟通水平就表明医生已经有共情行为。具体行为可进行如下分级。

水平0：拒绝对患者表达共情。此时医生不仅忽略患者的情感和需要，而且可能对自己的行为进行不合理的辩解。

水平1：对患者的观点马马虎虎地认可。对患者的共情性需要进行无感情投入的模式化反应。如一边“嗯、好”的应答着患者的话，一边只顾做自己的事，既不看患者、身体也不朝向患者。

水平2：确认患者的观点。在这一水平，医生开始关注患者的问题，但是只关注事实，对患者的感受没有回应。如当患者说自己头疼得难以工作时，医生会说：“是的，这是一种比较典型的症状。”

水平3：认可患者的经历和感受。这时候医生已经开始关注患者的感受，并且愿意倾听患者谈论自己的感受。如当患者说自己生病后感到心情低落，医生会问：“你说到你心情低落，能多谈一些吗？”

水平4：确认患者的情绪和感受。此时医生不仅愿意抽出时间了解患者的情绪，还会帮助患者澄清自己的想法和感受，并且表达对患者行为的理解。如当患者称自己术后害怕疼痛而不按照医嘱进行功能锻炼的时候，医生会在倾听患者对疼痛的恐惧和不安后，对患者说：“你对运动还是有很多顾虑，担心会疼痛，现在我理解为什么你没有坚持锻炼了。”

水平5：与患者分享感受或体验。在这一交流等级中，医生不但表达对患者的理解，还会尽力与设身处地地去体会患者的感受，并且分享这种情绪。如患者表现出对检查结果的担心和恐惧时，医生会说：“我理解这种紧张的心情，我亲戚最近在等一个检查结果，我们也都很紧张和担心。”

（三）医务人员的共情能力对职业胜任行为的影响

1．良好的共情能力是医务人员职业胜任力的基本素质之一　由医务人员胜任力模型的研究所见，沟通能力是医务人员职业胜任力的核心成分，而共情能力又是沟通能力的首要成分，因此，良好的共情能力是医务人员职业胜任力的基本素质之一。因此，现在关于医生职业资格考试中，都开始加入以评估沟通能力为指标的测评内容，这也表明，作为医疗行业，越来越重视沟通能力在医疗职业行为中的重要性。

沟通能力在医疗实践中越来越重要，其原因在于，随着疾病谱的变化，医疗干预的重点在逐渐从主导性医疗模式向合作式医疗模式转变。在一百年前，夺去人们生命的还多是外源性因素，如细菌、病毒，因此，当时医生的主要职责是药物治疗，只需要诊断正确、药物对症，就能保证患者的生命得以挽救；而随着医疗技术的发展，大多数感染性疾病被很好地控制，现在影响人们健康的更多是生活方式，如暴饮暴食、吸烟、酗酒、药物成瘾等不良行为等生活方式会所导致的糖尿病、高血压、心脏病甚至癌症等疾病，而这些疾病的控制无法由医生单独完成，患者在疾病康复中起到的作用越来越大，因此，医生如果要取得良好的疗效，就需要说服患者采用健康的行为方式去控制疾病，如运动、健康饮食、保持良好心情等。而患者并不愿意轻易放弃已经养成的生活习惯，或者也没有意识到改变生活习惯对治疗疾病的重要性，这就需要医生有能力去说服患者，通过沟通的形式让患者参与到疾病的康复过程中。而只有具备了良好的沟通能力，医生才能够很好地完成这一过程。因此也可以说，只有具有较好共情能力的医生，才能够通过理解、体谅患者的困难、困惑和痛苦，寻找到唤起对方改变的动机，实现患者主动改变、参与治疗的目标。

2．共情能力有助于医务人员缓解职业倦怠　职业倦怠，也称职业耗竭，是医务人员中常见的一种职业现象，主要表现为工作的时候情感反应淡漠、与患者交流缺乏主动的态度、内容空洞缺乏个体性关怀、同时还感觉到职业成就感低。造成医护人员职业耗竭的原因主要有几个方面：①由于医务工作的本身的特点，如时间紧、工作强度大、责任重等特点，会造成医务人员的躯体和精神的疲惫，从而产生厌倦、疲劳、无兴趣等现象；②由于医务人员的工作对象经常处于焦虑、恐惧、悲伤等负性情绪中，医务人员一方面需要不断地安慰患者；一方面又有可能受到患者负性情绪的影响也出现一些消极的感受，长此以往，会造成医务人员出现情感低落、隔离或者淡漠等现象。

不过也有一些研究表明，并不是所有的医务人员都会发生职业倦怠。那些共情能力较高的医务人员发生职业倦怠的概率要少，因此良好的共情行为有可能会利于医务人员胜任自己的工作。如 Vachon [10] 的研究显示，共情能力可以缓解护士的慢性紧张，并且缓解由于职业紧张而造成的职业耗竭，表现为那些较高的观点采择能力和共情性关注的护士，其职业耗竭程度明显较轻。不过现实中，医护人员的共情行为并非是越多越好。

3．医务人员的共情困境——亲密与距离的平衡　由于医务人员的共情对病人恢复健康和减轻痛苦有利，因此，从患者的立场来说，似乎医护人员的共情越多越好。因此，人们常常会赞扬那些能够“视病人如亲人”的医生或护士，似乎这样才是最高水平的医患关系。但是，在现实中，人们也会有一种经验，就是一般外科医生不会给自己的亲人做手术，其原因在于，一旦想到自己的亲人躺在手术台上流血受痛，很多医生会觉得非常心痛而下不了手。那么，这种共情性的情感反应其实使得医生难以胜任自己的工作。可见，把病人视为亲人的提法并不总是对病人有利。

而且，随着研究的深入，当研究者们开始从医护人员的角度来看共情时，发现共情对医护人员来说是一个较为矛盾的问题：尽管大多数医务人员知道共情是有效建立关系的技术，但是很多人会存在刻意与患者保持距离的现象。究其原因，过多的共情对医护人员似乎有某种不利的影响。据此，研究者们开始关注医护人员特有的共情问题——亲密与距离的平衡问题。

这里所说的亲密与距离是指在人际关系上的心理距离。通常人们会界定家人关系为最近的人际距离，朋友、同学、同事、陌生人、敌人依次为渐远的人际关系。通常所说的“视病人如亲人”就是说在心理距离上要达到最近的程度。医务人员如果与患者的心理距离太近，常常会带给医务人员更多的痛苦情绪。因此在现实中，医护人员会刻意与病人保持一定的距离，以保证能够平静、客观地进行医疗判断、实施医疗操作。

还有一种观点认为，医务人员的专业化培训也是导致医务人员与患者保持距离、不愿意主动共情的一个原因。在现在的医疗专业化培训中，更看重的是医务人员对知识体系的运用和对仪器使用的熟练程度等，在这种专业化的要求下，控制自己情绪的能力被看成一种优点，而保持冷静的状态也被认为是一个好医生的性格品质。

那么采取什么样的共情才是既能满足患者的需要，又不对医务人员造成负面影响呢？有的研究者认为，只要共情者的共情体验是暂时的，就不会对共情者本人造成威胁，因此，提倡医务人员采用一些认知性的策略来对患者进行适当的、暂时性的共情。主要有两种认知策略可以帮助医护人员去共情患者，一种是“假设自己就是对方”的策略，也就是假设自己就是那位刚被确诊的患者，这种认知策略可以让医务人员完全站在患者的角度去考虑问题，可以尽快地理解患者的感受，不过缺点在于容易唤起医务人员自己的痛苦感。另一种认知策略是“观察他人感受”，也就是把自己作为旁观者去考虑对方可能会有的感受，这种认知策略可以让医务人员尽力去观察对方的反应，却不至于唤起自己过多的痛苦[11]。

（四）医务人员缺乏共情的表现

在医护人员的共情行为的观察中，研究者多发现医护人员的共情行为发生率较低。很多研究者在这一领域开展了广泛的研究，

1．忽视共情线索　一项国外研究发现[12]，在肿瘤患者的初诊过程中，对于病人提供的共情机会，医学实习生和主治医师错过了160个机会中的70%。对患者表现出的情绪反应，不能理解或者不重视。出现这种情况通常是由于医务人员缺乏共情意识，没有意识到对患者的悲伤、恐惧等负面情绪给予关注或回应的意义。此外，还有一种原因是医务人员工作繁忙，面见患者的时间很短，因此没有充分的时间观察和体谅患者，因此，也就不能关注到患者的情绪和情感的线索和心理的需求。

2．缺乏表达共情的技巧　对于一些具有共情意识的医务人员来说，当体察到患者的伤心、担忧等情感需求之后，在表达对患者的理解和关注的时候却遇到困难，不知道该怎么说或者怎么做。因此，有的医务人员就经常转换话题，回避对患者的情感做反应；也有的医务人员会提很多建议和意见，以此希望缓解患者的情绪。这些做法虽然在短时间内可能会改变患者的情绪状态，但是双方并没有产生情感上的交流和分享，因此，也没有与患者建立良好的情感联结。

3．缺乏人文关怀的职业情怀　随着科学技术的不断进步，许多医生在掌握医学技术的同时，也逐渐将医疗工作技术化，只注重解决患者的躯体痛苦，却对患者的心理痛苦缺乏人文关怀的意识和能力。患者的痛苦多源于躯体和心理两方面，来医院就诊时，常常处于希望与恐惧双重感觉之中，既希望早点把病治好，又害怕治疗过程中会经历痛苦和伤害，如手术患者、经历化学治疗和放射治疗的肿瘤患者。从某种程度上说，疾病对患者是一种伤害，而临床诊疗康复过程中的损伤和药物副作用则对患者是另一种精神上的打击。动静脉穿刺，放置胃管、手术等躯体损伤性检查或治疗都会给患者带来恐惧感和焦虑感；此外，一些会涉及患者隐私的检查也会给患者带来心理不适。而很多医护人员不觉得这些检查或者操作对于患者是某些负性刺激，不能换位考虑患者的感受，因此，对于患者出现的紧张、恐惧不但不能体谅和安慰，甚至还会有些不耐烦，这些表现从某种程度上来说，是一种缺乏职业情怀的表现，因为医疗行业不仅仅应去除患者身体上的疾患，还应当去抚慰患者的心理不适，增加患者的安全感，甚至帮助患者达成对疾病的接纳和共存。因此，从本质上来说，医学是对人的生命的理解和尊重，而不仅仅是治疗疾病。

（五）医务人员共情行为的影响因素

1．情感活动的影响　情感活动主要是指医务人员感受到患者的情绪和情感，并产生关注和体谅等情感体验。情感活动也包括两个层次，浅层情感活动主要指医务人员针对不同患者都表现出的一种普遍的热情、关心或关注，这种情感活动有利于临床治疗和促进护患关系，不需要医务人员付出更多的认知努力，自身的情感不会被过多扰动，但是也不能与患者建立较深入的情感联结；而深层情感活动是指医务人员能够主动地、发自内心地去体会某个患者的内在感受，并努力去理解患者独特的情感和内心世界，这种深层次活动会占用医务人员更多的认知资源，甚至会让医务人员产生较强烈的情感卷入，但是却能与患者建立深入的情感联结，让患者感到被理解和被支持。研究表明，无论是浅层还是深层共情性情感活动，都能激发出医务人员的关照患者的行为，表现出关注、安慰、支持等正性行为。

2．职业伦理的影响　职业伦理规范了医务人员的职业道德。职业道德是医务人员主动进行共情的内在动因，研究显示，一个人的社会角色会影响个体主动采取某种认知和情感反应态度。如当一个人在课堂上是学习者的时候，会表现出谦虚、尊重、好奇、顺从等态度和行为；而当同一个人在教授别人、成为一个授课者的时候，就会表现出关照、自信、理性、掌控等表现。不同职业范畴对个体的职业伦理要求有不同，因此，不同行业都会有相应的职业伦理的标准，如教师应当以学生利益为中心、医务人员应当以患者健康利益为中心，律师应以当事人的法律权益为中心，餐馆服务人员应当以客户的需求为中心等。

3．认知能力的影响　认知能力是指医护人员能够运用知识和经验，通过分析、判断和推理等方法，察觉并理解患者内心情感的能力，也称为观点采择的能力。医护人员只有具备了觉察和理解患者情感的认知能力，才能激发出共情性的情感。而这种认知能力既与个体的先天素质有关，也与后天的学习和训练有关。医学院校开展的人文课程、心理学课程等都有利于培养医学生认知性共情的能力。

4．沟通技巧的影响　医务人员是否会运用良好的沟通技巧表达对患者情感与态度的理解也是非常重要的。医务人员可以通过眼神、表情、点头等非语言方式表达对患者的关注和理解，也可以用语言表达对患者的支持和关心。

二、教育工作者的职业胜任力与共情

案例：一个幼儿园的小朋友在吃饭，神情沮丧而且吃得很慢，旁边的小朋友都吃完出去玩了。一位阿姨坐在孩子的身边，催促孩子快点吃，小朋友的眼圈渐渐地红了，小嘴巴咀嚼得更慢了。阿姨禁不住有些发怒，提醒他“本来就很慢了，为什么还不快一点吃饭呢？”

正在此时，幼儿园的园长路过教室，看到了这一幕，把这位阿姨叫出来，然后说：“你看到了吗，这个小朋友因为比别的同学慢，他已经很着急、很难受了，我们再这么逼他，就更让他难堪了。想象一下如果你就是这个小朋友，你会是什么心情呢？我想如果是我的话，我可能希望得到你的安慰。”

两位幼儿园的教师用不同的方式来理解这位小朋友的同样一种行为，结果得到了两种不同的态度。其中，幼儿园园长那种设身处地地站在小朋友的立场来考虑问题，并产生关注、体谅等支持性的情感和行为的情形，也即我们所说的“共情”。

（一）教育工作者的职业胜任力

教师被认为是人类灵魂的工程师，传道、授业、解惑是教师的职责和使命，所以，从某种程度上来说，教师在全方位关怀学生的成长，包括知识、技能、情感、精神等。在教育工作者的职业胜任力的评价中，人们发现有几个因素是重要的胜任力因素，分别是个人特质、建立关系、信息搜集、职业偏好、尊重他人等。

一项教师职业胜任力的研究表明，经验丰富、教龄长的教师通常比新教师的专业素养、人际沟通方面的能力要高，不同教师关注学生、尊重他人等方面的差异不明显。总体趋势表现出教龄越长，胜任力越高的趋势。

其次，人们发现不同类型学校的教师之间的特点也有不同，教师教育专业的大学生与高中教师在建立关系方面存有差异，在职业偏好方面要高于高中教师。

还有，职业意向对于胜任力也是有影响的，人们发现，那些愿意从事教师职业的大学生在人际沟通、建立关系、信息搜集、职业偏好、理解他人等方面的职业胜任力要明显高于那些不愿意从事教师职业的大学生[13]。

教师在向学生传授知识、解答疑惑、培养性格与塑造心灵的过程中，往往并不是一帆风顺的。由于每个学生的能力、性格、兴趣以及思想都存在着较大差异，作为老师，如果不能够站在每个学生的立场上去了解对方，也就很难针对性地开展教育。反之，教师如果能够善于理解学生的情绪、性格、志趣的变化，也就能够很好地建立师生关系、因势利导地开展教育，促进学生的成长。因此，共情被认为是教师专业素养中最为重要的能力之一。

（二）教师共情对学生的影响

教师共情对学生的学业发展的促进作用。一方面教师共情可以建立良好的师生关系，改善学生的学习态度，激发学生的学习动机；另一方面教师通过共情学生的情绪和想法，更有可能创设融洽的课堂氛围、顺利实施教学内容和课程计划，从而产生良好的教学效果。而且研究发现，教师共情能力对后进生的学业成绩具有更大的促进作用。其原因可能在于，学习落后的学生在自尊心、自信心方面都较弱，他们更需要教师的鼓励、支持等共情性的关爱行为，当被老师共情、理解和接纳的时候，会感到受到尊重，并且有效提高他们的学习动力，从而在学业上有所进步。这也说明，教学中的师生处于一个相互影响、交互作用的动态系统之中，学生学业成绩不仅受学生自身学习水平的直接作用，同时也受到教师的态度、共情等因素的影响。

教师共情对学生亲社会行为的促进作用。教师观点采择能力越好，对学生的同伴关系、校园规范和教育时机的感知就越积极，从而促进学生社会交往、生涯发展等方面的能力。此外教师在处理学生在校园中的问题行为时，若能站在学生的角度理解其情绪的产生和应对方式，才能针对性地帮助学生去合理地宣泄情绪、改变不良的应对压力模式，并且帮助学生建设性地处理人际矛盾。总之，教师共情可以通过良好的师生关系来促进学生人际矛盾处理能力和关怀他人等亲社会能力的发展。

因此，教师共情是可以引导和促进学生在学业与情感各方面进行成长。从促进学生成长的角度来说，教师应当充分注意自己的教育行为对学生情绪的可能影响，并且也要不断深入了解学生的情感与认知的变化，以便更好地促进学生的发展。

（三）教师的共情特点

教师职业是一项具有很强的助人性特点的职业，而这项职业是以传授知识、开启心灵、解答疑惑为主要内容的。教师能否在教授课业的同时，理解学生的情感和思想，开展针对性的教育活动，常常决定了教育质量的高低。因此，教师的共情能力是教师职业胜任力的重要组成部分。教师共情，主要是指站在学生立场上去体验和理解学生的情绪、感受和想法的过程。此外，教师共情也指教师向学生表达关注与理解学生观点的能力。教师只有站在学生的立场去考虑问题，对学生的感受与想法设身处地地去体会与思考，才能根据学生的需要及时调节自己的教学方式，以引导学生全方位的成长。

关于教师共情特点的研究表明，教师的共情性关注能力存在性别差异，并且随着教龄的增加有升高的趋势。在性别方面，女教师的共情性关注水平也显著高于男教师，其原因可能是因为女教师更注重情感交流，更愿意关注和体谅学生的情绪和情感；而男性教师一般会比较在意师者尊严，因此会更强调理性、客观地与学生进行交流，因此与女教师相比，并不主动与学生进行情感互动。在教龄方面，教师对学生的共情性关注能力随教龄增长而提高，教师对学生的共情性关注能力逐渐增高的现象既可能是因为年龄增长的原因，也可能是随着教学经验的增长，教师开始从关注自我逐渐转移到关注学生的个人成长方面。

教师的观点采择能力没有明显的性别差异，也与教龄没有明显的相关性，这可能是因为观点采择是一种较为稳定的认知能力，教师都是成年人，其观点采择能力已基本发展成熟，不会随着教学经验的丰富而显著地提高。

关于教师的共情能力的研究发现[14]，那些共情得分越高的教师，在教学过程中的表现也更好，此外，这些共情能力较高的老师，也具有良好的自我价值感和助人行为。不过即便是有较高共情能力的教师，也未必能够在教学中充分对学生进行共情，其原因在于现有的教育体制下老师的授课任务繁重，而且面对的学生数量庞大，使得老师们与学生的接触频率较低，即便想去关心和表达对学生的关照也没有时间和精力，因此，在教学管理方面，给予老师充分的自由性和足够的时间与学生交流也是非常重要的。

三、心理咨询工作者的职业胜任力与共情

（一）心理咨询工作者的职业胜任力

心理咨询师是指通过运用专业心理咨询的技术，以帮助来访者调节情绪和认知、改善行为，并且促进人格健康发展为职业的工作者。由于心理咨询工作者基本是与人的整个心灵在工作，因此，不是每个人都适合从事这项工作。

基于职业胜任力的视角，心理咨询师的核心胜任力主要包括几个领域的内容，分别为：临床知识与技能，关系建立，专业态度与行为、伦理与法律，科

学与研究、多元文化与中国文化，以及个案管理[15]。

在咨询师的职业胜任力中，关系建立的能力是咨询师的一项基础能力。关系建立主要是指心理咨询师与来访者建立良好、信任的咨访关系的能力，同时也包括与同事或其他专业服务资源建立关系的能力。在与来访者建立良好关系的时候，咨询师需要通过共情式的沟通方式，即设身处地地理解来访者的处境，体验来访者所感受到的世界，才能够深入地了解来访者，与来访者建立彼此信任的治疗关系。因此，共情是心理咨询者必备的能力与素质。对于心理咨询师来说，共情是咨询者深入到来访者的心灵世界，设身处地体验来访者的精神世界的一种能力，是咨询者为来访者提供有效帮助的基础。

（二）共情在心理咨询中的价值与意义

在心理咨询过程中，共情的重要价值在于能够帮助咨询师深入了解来访者的处境和体验，唤醒来访者的内心世界，促使来访者真实地感受其情绪和想法，正视自己的能力和资源，从而促进其自我成长。

1．共情是咨询关系建立的基础　对于治疗效果来说，良好的心理咨询关系通常远比治疗理论和治疗方法重要，而共情是建立良好治疗关系的重要基础。这是因为，共情是一种平等觉察和分享经验的过程，共情意味着咨询师尊重来访者的人格、处境和思想，这一点就与普通朋友之间的关心、家人的帮助或者其他人的同情是有区别的。在咨询关系中，正因为来访者感觉到被理解和被尊重，才能放下平时在其他人群中的人格面具，而在感到信任、接纳和平等的人际氛围里有勇气去面对真实的自己。而建立这种治疗关系的基础，就是咨询师能够充分共情来访者的情感、行为和思想。同时，共情让来访者体验到理解、诚实和接纳，这也将增强来访者对咨询者的信任，促进良好咨询关系的建立。

2．共情是咨询师深入理解来访者的基本技术　共情让咨询者设身处地体验来访者的内心世界，使咨询者能够更加准确地理解来访者的感受和想法。要做到能够换位思考，咨询师需要有能够脱离自我中心的能力，即从关注于自我表现和想法的思维过程中脱离出来，而专注地去体会来访者的内在，同时，又要能够不断觉察双方关系的亲疏变化，以及能够及时表达自己对来访者的理解。因此，从这个角度来说，共情要求咨询师具备自我觉察、他人觉察的敏感性，还要具备共情反馈的行动能力。因此，作为新手咨询师，首先应当学习的就是共情能力。

3．共情能够促进来访者的自我觉察和改变　心理咨询师通过共情让来访者感受到信任和接纳，同时也帮助来访者澄清自己的情绪、想法和问题，有助于来访者进行自我探索和自我领悟，从而促使改变的动机，并最终促使自我的改变。

（三）心理咨询师共情的特点

1. 咨询师的共情反应不同于一般的真实性反应　咨询师对来访者的共情反应是指咨询师通过体会来访者的主观世界和生态环境而产生的替代性反应，是以来访者的价值体系作为参照物来产生的相应感受。而真实性情感反应则是咨询师根据自己的主观世界以及价值系统而产生的感受和判断。例如，对于一个社交焦虑的来访者，咨询师可以通过理解来访者在某种社交场合下特别害怕他人的负性评价的状况，也能感受到那种焦虑和不安；但是咨询师自己对这种特殊场合并没有什么不适的感觉，或者也并不认同“别人的评价非常重要”这类观点。由此可见，在咨询过程中，咨询师的共情反应是来自来访者，而真实性反应来自咨询师自身。作为咨询师，对这两种反应要能够及时地觉察和区分，才能更好地帮助到来访者，而不是处理自己的情绪。

2. 初级共情与高级共情　对于心理咨询而言，咨询师的共情可以分为不同的层次，一般分为初级共情和高级共情。

初级共情主要是咨询师能够准确地理解和反馈来访者的感受。咨询师需要运用倾听、具体化等技巧，重点是了解来访者的内心感受和想法，并把对来访者的理解及时地反馈给来访者。由于咨询师通过初级共情容易与来访者的内心体验常常达成情感的共鸣，因此，常可以帮助来访者宣泄情绪，也易于被来访者信任，对建立良好的咨询关系具有重要的作用。而仅仅是理解来访者的感受，并不一定能够促成来访者深入认识自己，也不一定能促进来访者的改变。因此，除了初级共情之外，具有重要治疗意义的还有高级共情。

高级共情是指咨询师在理解来访者的感受，即在初级共情的基础上，通过使用自我表露、解释、对质等技巧，帮助来访者去认识自己未曾了解的一面，如内在动机的冲突、对自我的歪曲认知，以及行为与认知的不协调等，通过呈现出来访者“只能感受、未曾意识”的内容，帮助来访者领悟自己的真实想法和问题，从而产生改变的动力。因此，在共情的过程中，高级共情是真正具有治疗意义的那个部分。

3. 共情疲劳可能是心理咨询师特有的心理健康问题　共情疲劳是助人者在间接接触创伤性事件并向他人共情的前提下，产生共情压力，降低了对他人共情的兴趣与能力，出现二次创伤症状，产生工作倦怠感。同时，助人者人口统计学特征（如婚姻状况、学历、工作年限、个人创伤史等）、接触或暴露于创伤事件的程度、个人心理资源都会影响共情疲劳发生的过程。共情疲劳的临床症状与替代（间接）性创伤、职业倦怠相似，但上述概念并不等同于共情疲劳。

（四）咨询师共情不当的表现

1．共情不足　当咨询师以自己的爱好、价值观和期待去面对来访者的时候，容易出现过早诊断、表扬或给予建议等现象，从而就干扰了来访者自由判断的能力。还有一种现象是新手咨询师容易出现的问题，即过度顺从来访者。由于新手咨询师常会担心自己做得不够专业，因此在面对来访者的时候，常常会顺从来访者的价值判断，比如当来访者发泄对他人的不满时，来访者也会在一旁附和，而不是站在中立的立场上。这种情况看似咨询师很好地与来访者协作，但是并不能真正产生共情，而只是咨询师在处理自己的焦虑和不安。还有的时候，咨询师无法认同来访者价值观的时候，会出现无法接纳来访者的现象，如当咨询师对酗酒的来访者不断撒谎的行为感受到愤怒的时候，就不能以开放的态度接纳来访者，以至于不愿意进入来访者的内心世界去分享来访者的情感。

2．过度卷入　与有些共情过低现象相反的是，有的时候，咨询师过多进入到来访者的人生经历和体验中，似乎完全以当事人的身份去体验来访者的悲欢离合，而无法回到自身的角色，这种现象，也可以称为过度卷入。这种时候，咨询师可能会忘记自己的角色，而随同来访者的体验而表现出过分的担心、恐惧或者其他情绪，而这会导致来访者产生进一步的焦虑，造成来访者因为担心咨询师的承受能力而不敢再深入探索自己的痛苦。因此过度共情最终会妨碍治疗关系，妨碍来访者的最终利益。

从以上的现象，可以看出，适当的共情并非是一件容易的事情，因为共情既是一种态度、也是一种能力。要达到恰当的共情咨询师首先要有共情的意识与态度，要做到倾听而不是评价；同时要能够及时转换角色，一方面能够真正设身处地使自己“变成”来访者，尽量去体验来访者的感受，另一方面又能随时回到咨询师的身份，从专业角度对来访者进行共情性关注和观点采择。

因此，咨询师既要掌握共情的技巧，学会从细微的非语言表达中察觉别人的需要，也要能够从哲学和人性的角度去丰富自己的价值观和阅历，并且能够以来访者的福祉作为咨询的终极价值，无条件地积极关注来访者的福祉，最终实现恰当的共情。

第二节 职业助人者共情行为的影响因素

一、社会心理因素对职业助人者共情行为的影响

（一）动机对职业助人者共情行为的影响

动机是一个人采取某种行为的动因，一般分为外在动机和内在动机。外在动机一般是由外在奖赏和报酬来提供动力，比如有的人节日加班因为可以得到加倍的工资；而内在动机则通常是内在奖励来提供动力，如也有人节日加班并不是为了获得加倍工资，而是期望自己的工作尽善尽美。通常内部动机要比外在动机更稳定地促使个体保持某些稳定的行为。

对于共情行为来说也是如此，内在动机理论认为，人类具有一种天生的倾向，去寻找机会来发展胜任力，自主或按照自己的意志来采取行动，并且从事自己感兴趣的事情。因此，对于有些人来说，他之所以愿意从事助人者职业，是因为具有较强的理解他人、关怀他人的兴趣。因此，具有较强助人意愿和共情能力的人去从事助人者职业就成为较好的职业选择。

同样，外在动机对于共情行为也非常重要。有研究发现，人们在判断他人情绪的时候，会因为奖赏而提高共情准确性（即准确推断他人的想法和感受），同时也会更多地采用观点采择的共情方式。对于助人者来说，除了自身具备的内在动机之外，还需要通过外部培训和塑造，提升其共情动机，并进而促发其职业工作中的共情行为。

Klein[16]等在考察女大学生与男大学生共情准确性的差异时发现，当给被试发放报酬时，女大学生和男大学生的共情准确性都显著增高。因此，女性通常看起来比男性更容易共情或更准确共情的现象可能只是因为男性和女性的共情动机不同。按照这个观点，女性一般喜欢聊天、谈论情感，以便与他人建立情感连接，因此会更多地运用共情性关注、观点采择等策略，也更多地分享他人的情感；而男性通常比较独立，追求事业成就，而不以与他人建立情感连接作为目标，因此也就较少地运用共情性的策略。但是他们并不缺乏理解他人情绪的能力。因此，共情的性别差异可能是由动机差别造成的，而不是能力差异。这也表明，动机对于共情行为的产生和消退具有重要作用。

（二）角色认知对职业助人者共情行为的影响

社会心理学认为，人们有一种认知 - 行为一致性倾向，即人们会在认同了自己的某种角色之后，开始按照角色来采取相应的态度和行为。最著名的研究就是津多巴所做的一项狱警和犯人的角色行为研究。津多巴将一些大学生志愿者随机分为狱警和犯人，让他们按照自己的职责要求共同生活，结果发现，那些本来没有什么分别的大学生在穿上警服或囚服后，却表现得越来越不同，扮演狱警的大学生越来越严厉和苛刻，而那些扮演囚犯的大学生也越来越充满敌意，双方的对立情绪越来越强，随后甚至爆发了狱警大学生不断惩罚、虐待囚犯大学生的行为，而囚犯大学生也不断与狱警为敌。双方不断敌对，并且不愿意去相互体谅。这一研究表明，人们对自己角色的认知，会在很大程度上影响其行为和情感反应。

因此，从角色认知的角度来说，助人者也会受到角色认知的影响，并为保持角色的一致性而促进或阻止共情行为的产生。研究表明，那些将关怀患者作为医生重要职业角色（即患者指向）的医生，共情行为要多于那些认为医生的重要角色主要是技术水平高的医生。可见，对于医生角色的不同认识，会对医生的共情行为产生影响。

（三）社会心理因素对职业助人者共情行为的影响

1．人际距离　人们发现，对于个体来讲，被共情者与自己的关系能够影响共情的发生和强度。例如妈妈最容易理解和感受自己的孩子的情感，因为这是最亲密的人际关系；人们对熟悉的人的共情反应要远高于对陌生人的共情反应；人们对不喜欢的人常常会缺乏共情，而对喜欢的人则常常会积极地共情。

虽然较近的人际距离能够较好地激发助人者的共情行为，但是，人际距离太近也会影响共情。由此可见，拉近与服务对象的心理距离虽然可以激发助人者职业共情行为，但也不鼓励过于亲近，以免错过帮助来访者的机会。

2．情境因素　一般来说，人们在紧急情境和非紧急情境下对他人的共情反应是不同的。例如，在意外遇见他人受伤的紧急情况下，多数人首先感受到的是个人的痛苦体验，这种体验一方面可以激发助人动机，但也会给帮助者带来痛苦；而在一些诸如看到他人黯然神伤的非紧急情境中，多数人感受更多的是共情性关注，这也会激发助人行为，但是帮助者的痛苦感没有那么高[17]。

此外，人们在熟悉情境和陌生情境中对他人的共情反应也不同。例如当对情境不熟悉的时候，人们不容易对他人产生共情性的反应，其原因可能在于陌生环境中容易感到焦虑，因此需要运用一些认知资源来适应环境；而在熟悉的情境中，人们则不需要去适应环境，因此更容易去关注他人的情绪。

二、情绪劳动对职业助人者共情行为的影响

（一）情绪劳动对职业助人者共情行为的影响

情绪劳动最初是社会学家 Hochschild 提出来的[18]，主要是针对那些从事服务行业或者助人行业的职业人群，指的是个人根据组织制订的情绪行为管理目标所进行的情绪调节行为。尤其是职业助人者，只有更好地体验和理解服务对象的情绪、情感，才能提供恰当的助人服务。此外，职业助人者不但要尽力从服务对象的角度去看问题、深入到对方的内心世界，还要表现出工作状态所需的适当的情感状态，因此在工作中需要耗费更多的认知努力，也就是说，职业助人者要付出更多的情绪劳动。

1．情绪劳动的层次　情绪劳动主要是指情绪调节的行为，而根据个体努力程度的不同，情绪劳动可以分为表层情绪劳动和深层情绪劳动。表层情绪劳动，是指只做出表面的与职业身份相对应的情绪反应，但并不触及深层的感情或体验。如有的时候商场售货员对所有柜台的客人表现出微笑，但是并不是一种深入的情绪感受。这种简单情绪劳动一般耗用的认知资源较少，也比较容易模仿和学习。而深层情绪劳动，则是指员工努力运用观点采择等认知策略去体察对方，让自己的表情、感受和内心活动都有情绪情感的唤起。如心理咨询师要不断去感受来访者的情绪、想法，还要做出适当的情绪和表情的反馈，因此会运用更多的认知资源。表层情绪劳动和深层情绪劳动的区别在于是否唤起了员工共情式的情绪体验，也就是能够理解和分享对方的情绪和情感。

当助人者职业者是新员工的时候，需要通过学习顺利完成情绪劳动，并随着学习的深入从表层情绪能力向深层情绪能力逐步提升。当已经比较有经验和成熟之后，就会比较自然地产生情绪劳动能力，即不需要过多地进行情绪调节和认知努力，就能自然而然地表达出工作场所中所需要的情绪反应。但是，当助人者过度进行情绪劳动，即在一定时间内进行的情绪劳动过多，超出了个人的承受能力的时候，就容易造成身心疲倦。因此，过多或过少的情绪劳动对组织和个人都是不利的，只有适当的情绪劳动才是必要的职业适应性行为。

2．情绪劳动对助人者的影响　情绪劳动是助人者行业所特有的一种劳动形式，是让受助者得到切实利益的一种利他性行为。不过，情绪劳动对员工的影响是多方面的。好的影响是通过情绪劳动，助人者和受助者达成信任、友好

的人际关系。当采用适度情绪劳动的时候，助人者的共情能力较高、情绪反应准确，并产生较高的工作满意度和工作绩效。这样会增强助人者的工作效能和工作满意度，增强职业自尊感。不过，过度的情绪劳动或者不当的情绪劳动可能会造成助人者的共情能力下降、情绪耗竭和工作倦怠，以及身心不适等症状，并最终影响人际关系质量、降低工作绩效，甚至产生离职倾向。如医护人员作为健康照护者，体察病人的痛苦并安抚病人的行为对于建立良好的医患关系、促进病人的康复具有重要意义。然而，在频繁面对他人剧烈的躯体和心理的痛苦情境的同时，医护人员还要经过繁重而细致的判断、推理等认知过程来解决不同病人之间的医疗问题。因此，这些频繁进行情绪劳动的医护人员常会出现较高的情感倦怠。

（二）共情疲劳

当情绪劳动的任务量过重或者过于频繁的时候，助人者最容易出现的现象是共情疲劳。共情疲劳指的是助人者在面对服务对象进行情绪劳动的时候，出现对服务对象共情兴趣下降、自身情绪倦怠并同时伴随一系列相关心理不适的表现。共情疲劳是助人者职业人群的一种特殊的职业风险。一般来说，共情疲劳的发生是因为高度的情感卷入和过度的认知投入造成的。因为专业助人者通常需要反复询问和倾听服务对象对创伤事件或痛苦感受的描述，还需要通过观点采择、想象和心理融合等认知方式才能与之产生情感共鸣，因此，助人者常常也会像经历了受助者的经历一样，替代性地体验到悲伤、恐惧、绝望等负性情绪，而长此以往，助人者的自身情绪状况、共情兴趣以及认知功能水平都会受到不同层面的影响，从而产生共情疲劳。

1．共情疲劳对助人者的影响　共情疲劳不仅会影响助人者的个体心理健康，还会削弱助人者的助人能力和意愿，并最终可能造成转岗、离职等现象。由于助人职业的特殊性，助人者常会面对一些处于痛苦体验的服务对象。如医护人员常面对的是内心焦虑或绝望的患者；心理咨询师可能面对的是刚刚失去亲人的哀痛者；社会工作者可能面对的是经历某些灾难或不幸的幸存者等。这些经历痛苦的人们都有强烈的被关爱、被理解、被支持的需要，而为了满足他们的这些心理情感需求，助人者需要在工作的过程中付出一些特定的代价，如主动产生共情、付出一定的情感投入、提供情感支持等。这些特殊的付出行为会使助人者面临一定的心理压力并出现某种程度的心理不适感，也就是说为了关爱他人，助人者会付出一定的心理和情感代价，并影响到自身的心理状况。

共情疲劳不但对助人者自身的心理健康问题有明显的影响作用，常常也会表现出较高的职业倦怠，如情感耗竭、躯体疲劳感、回避服务对象等，此外，共情疲劳的助人者也更容易转行，离开助人行业。

2．共情疲劳的预测因素　通常来说，在情绪劳动量过大、助人者感到压力过大的时候，可能会出现共情疲劳的现象。此外，当工作中所能控制的资源过少，或者个人的应对资源过少的时候，也容易发生共情疲劳。

还有助人者个人的特质性共情能力也会影响共情疲劳的发生。通常共情性关注较高的助人者，发生共情疲劳的概率较低，而自身痛苦水平较高的助人者，发生共情疲劳的概率较高。此外，人们发现，那些共情水平高而社会支持低的医护人员，更有可能发生共情疲劳。复原能力较高的助人者，发生共情疲劳的概率也较低。

通过以上研究可以看出，关爱他人的职业人群也会付出“关爱的代价”，只有全社会密切关注情绪劳动对于助人者职业人群的影响，给予助人者更多的支持和理解，才能更好地帮助助人者进行恰当的情感付出和共情反应，维护好自身的身心健康，避免陷入共情疲劳的困境。

知识链接：特殊的职业助人者——心理咨询师

心理咨询师是运用心理学以及相关知识，遵循心理学原则，通过心理咨询的技术与方法，帮助求助者解除心理问题的专业人员。

心理咨询师是一种相当有趣的职业，因为它同时兼具多种属性，在很多层面和维度上满足了人的多种需求，一方面，它是一种职业，能够满足从业者的经济需求；另一方面，心理咨询师一种助他/自助职业。在帮助他人解决问题的同时，它也在帮助咨询师本身探索、发展自身。所以，心理咨询这个行业能够满足人的多种需求，如基本经济需求、助人需求、关系需求，另外也同样可以满足人的高等精神需求——自我实现与自我探索。

心理咨询师对资质的要求很高，罗杰斯曾经这样说过，我们并不是去培养合格的咨询师，而是把合格的咨询师挑选出来。心理咨询师要求拥有广博的知识、专业的技能、足够的道德修养以及坚韧的精神承受能力。心理咨询师是一种职业，因此需要经过专业的培养、培训、实习，掌握基本的理论知识、实践基本的咨询技术，才能够真正进入临床，从而为自由地探索人类精神、助人打下良好的基础。心理咨询师需要经过良好的心理学教育，包括普通心理学、发展心理学等基本学科类教育，同样要了解咨询的基本理论，探索人类基本动力和结构的心理动力学（精神分析为其主要分支），探索人的模式的认知理论、行为理论、以人文精神为本的人本主义、以家庭为基本单元的家庭理论等。然后接受完整的培训与督导指导，接受专业机构的认证，才能真正意义地踏上心理咨询师的第一步。

（官锐园）

参考文献

[1] Mcclelland D C. Testing for competence rather than for "intelligence." [J]. American Psychologist，1973，28（1）：1-14.

[2] Gregory J K，Lachman N，Camp C L，et al. Restructuring a basic science course for core competencies：an example from anatomy teaching[J]. Medical Teacher，2009，31（9）：855-861.

[3] Frank J R，Danoff D. The CanMEDS initiative：implementing an outcomes-based framework of physician competencies[J]. Medical Teacher，2007，29（7）：642-647.

[4] 路彦钧 . 临床医师胜任力管理研究 [D]. 上海：复旦大学，2005.

[5] 杨秀木，齐玉龙，申正付，等 . 农村全科医生胜任力素质模型的理论构建与实证研究 [J]. 南方医科大学学报，2015（4）：516-521.

[6] Fields S K，Hojat M，Gonnella J S，et al. Comparisons of nurses and physicians on an operational measure of empathy[J]. Evaluation & the Health Professions，2004，27（1）：80-94.

[7] Bylund C L. Empathic communication in the physician-patient encounter [D].Evanston：Northwestern University，2001.

[8] Hojat M，Gonnella J S，Nasca T J，et al. Physician empathy：Definition，components，measurement，and relationship to gender and specialty[J]. American Journal of Psychiatry，2002，159（9）：1563-1569.

[9] Suchman A L，Markakis K，Beckman H B，et al. A model of empathic communication in the medical interview[J]. Jama，1997，277（8）：678-682.

[10] Vachon D O. The influence of affect intensity，dispositional empathy，and emotional separation on the relationship between perceived stress and burnout in a nursing population [D]. Chicage：Loyola University of Chicago，1993.

[11] Lamm C，Batson C，Decety J. The neural aubstrate of human empathy：Effects of perspective-taking and cognitive appraisal[J]. Journal of Cognitive Neuroscience，2007，19（1）：42-58.

[12] Easter D W，Beach W. Competent patient care is dependent upon attending to empathic opportunities presented during interview sessions[J]. Curr Surg，2004，61（3）：313-318.

[13] 刘丽 . 教师教育专业大学生职业胜任力的比较研究 [D]. 聊城：聊城大学，2010.

[14] 蔡颖，戎幸 . 国外教师共情的研究综述 [J]. 中国电力教育，2009（13）：196-198.

[15] 王铭，江光荣，闫玉朋，等 . 我国心理咨询师与治疗师职业资格认证办法 [J]. 中国心理卫生杂志，2015（7）：503-509.

[16] Klein K J K，Hodges S D. Gender differences，motivation，and empathic accuracy：When it pays to understand[J]. Personality & Social Psychology Bulletin，2001，27（6）：720-730.

[17] Batson C. D.，Sager K.，Garst E.，et al. Is empathy-induced helping due to self-other merging?[J]. Journal of Personality & Social Psychology，1997，73（3）：495-509.

[18] Hochschild A R. The managed heart[M]. Berkely.CA：University of Califimia Press，1983：7-8.

8 共情能力的培养与训练

我们航行在生活的海洋上，理智是罗盘，感情是大风。

——蒲柏

第一节　医务人员共情能力的培养与训练

在医疗领域中，共情最重要的功能在于建立和提升医患关系，如提升双向信任、病人满意度和依从性等。例如，Larson 和 Yao[1] 在研究中证实了共情在病患与医师间治疗发展中的作用。共情也被发现能够帮助外科医生理解病患的信念和情绪，便于建立良好的医患关系[2]，从而最终起到改善治疗效果的临床疗效[3]。在护理领域中，共情的重要性似乎得到了更大的认可，很大程度上变成了有效医疗护理的必备条件[4]。可以说，共情是所有积极的医患关系的基础。另一方面，在医学教育中，医护生对共情的理解也被认为在其职业发展中起到了重要的作用[5]，这也是医学教育中的培养目标之一[6]。

一、医务人员共情能力培养的现状

（一）医务人员的共情状况

当前的不少研究显示，共情水平在整个医疗教育的过程中有降低的趋势[7]；甚至有研究发现，专业医生的共情水平比医学生更糟糕，并认为临床经验无法让共情技能得到增长[6]。当然，也有研究发现了不同的结果[8]。除了研究方法学上的解释，即对共情的具体界定、测量和具体研究方法上的差异很可能导致了这些冲突的结果，这些结果的不同也可能反映出了医学教学以及医学实践理念和方式上的不同。例如强调纯生物学指向 vs. 强调生物 - 社会指向，以病人为中心的医疗服务 vs. 强调经济收益指向的医疗服务，或是不同地

区 / 医学院的医学课程安排和临床实践时间进程上的差异[9]。另一种观点则认为，共情水平的下降或许反映的是医护生 / 医护人员在临床执业中的适应结果——例如，为了自我保护，在情感上和患者拉开距离，或是某种情绪调节策略的使用。

当我们尝试去搜集医疗领域有关共情培训和训练的国内外文献时发现，能获得的有效的文献数量并不多，其中的实证研究更是有限，而且针对的人群往往是医护生而非临床一线的医护人员，这也折射出在医学教育和实践领域，对共情的研究或并未充分展开，其应用更是离一线的临床教学和实践尚有不少距离。例如，Pedersen[10] 回顾了 206 篇在医学领域对共情的研究文献后发现，医学领域对共情的研究往往缺乏对共情的准确界定，且对共情的界定也大多脱离医疗执业的情境；研究多是依赖采用自评式量表测量的方式所做的量化研究，研究视角单一（往往只从医护人员或只从病人的视角来评价）。Pedersen 也指出，现有的研究还缺乏探讨医学训练和医学执业本身对专业人员的共情会造成何种影响。

Davis[11] 在其一篇题为《论培养临床共情》的文章中提到，在医学教育和医疗服务领域，对共情的界定有许多种，包括将共情理解为一种人类的人格特质、一种专业上的状态或是某种沟通的过程，以及某种医患关系的互动；但他也指出，绝大多数的研究者 / 教育者 / 从业者都不会否认的是，临床共情至少具有某种认知的成分，即有能力去理解病人的内在体验和感受。这一点在近期发表的两篇综述性文章中也得到了印证[6-10]。Davis 特别引用了 Morse 等在 1992 年给出的有关临床共情的四维度定义：情感维度（能共享病人的感受）、道德维度（有动机为病人带来福祉）、认知维度（辨别和理解病人情感的能力）和行为维度（将对病人情感的理解有效地传达给对方），并指出，第三和第四个维度对于医学临床实践而言尤为重要。作为在医务人员群体中测量共情的最有影响力的量表之一——杰斐逊共情量表的编制者，Hojat[12] 则更为直接地界定了医疗领域的共情，他认为共情最主要是一种认知而非情感的特性，是对病人的体验、担忧和观点的一种理解而非感受，以及将这种理解传达给病人的能力。

将临床共情更多视为一种认知能力并强调其行为维度，而非强调它是某种人格特质或关系特性对于教育和干预而言有重大的意义，因为这意味着，只要我们能够鉴别出临床共情中有效的要素和技能点，那么就可以系统地培养和训练从业人员的共情能力。但这种技术性的指向也有其弱点，对其最大的诟病是它弱化或忽视了共情乃是植根于特定的人类关系之中的，将其简化为某种人际沟通或表达技巧使其失去其重要的态度（例如真诚）和关系的成分，从而导致共情失败；另一弱点可能在于，对认知成分和行为成分的强调难免过于倚重言语的加工和表达，而涉及非言语的、身体层面的共情体验和表达则容易被忽略[13]。

（二）医务人员的临床共情与有效沟通

在《论培养临床共情》这篇文章中，Davis 也谈及了在临床情境下共情培养和训练的一些理论上的考虑。他认为，区分“共情”和“同情”（sympathy）是有必要的，虽然二者都会涉及，医护人员去积极地想象病人的体验，但共情更侧重于强调对病人的体验有一种不带评判的理解，因而有更强的认知加工成分；而同情往往只是对病人的痛苦有更强烈的体察，因而缺乏认知加工的成分，并且对临床的判断可能有更多负面的影响。不过，Davis 本人也认为，两者的区别也并不那么绝对，对其区别的强调是希望医护人员能在提供临床服务时，带有更强的分析和反思的眼光来看待自己的行为和感受，尤其是体察到自己正被病人的体验或反应影响的时候。

临床共情反应中的这些体察和反思成分一方面能帮助医护人员更好地理解病人的需求，提供更有效的临床服务；一方面也能减少医护人员的个人偏见和防御性的反应，从而减少医患之间不必要的误解和矛盾。例如，一位病人反复询问医生同样的问题，医生因此而感到烦躁和恼怒；如果医生能体会到自己的情绪，并尝试去理解对方的行为有可能是出于他的焦虑和无助，而非对自己不信任或蓄意为难自己，那么这位医生的临床态度和行为就可能会有很大的不同。Davis 就将倾听和有效的沟通视为临床共情中的核心成分。他认为，倾听是发展共情的第一步，包括对病人的言语和非言语信息的倾听，而有效的倾听往往需要医护人员尽量减少在医患互动中的无关干扰。在 Davis 看来，若要做到良好的倾听，医护人员需要保持一种相对放松和专注的状态，最好不要总是看病人的病例或者埋头写病例，而且还需要鼓励病人去描述自己的病况和情绪体验。

在谈及有效沟通时，Davis 主要提出了三点：一是医护人员在和病人交流时需要相对暂时搁置自己的临床判断，而采用一种更开放的态度去聆听病人，更多地捕捉住病人的情绪线索并鼓励病人谈论自己的情感反应，以及主动地通过自己的非言语信号（例如，语调、面部表情、肢体语言）来传达对病人的关心。例如，当一位老年病人自述自己因失眠而希望医生开具安眠药，医生在翻看其病史后发现该病人一直定期配药。医生可以采取相对简单的临床判断，和之前医生一样给其开具安眠药物，也可以采取一种 Davis 所提倡的“初学者”般更开放的态度，不仅询问病人的失眠状况和服药后是否有所改善，而且询问病人最近的生活状况和情绪状态，并同时观察病人的反应。若这位老年病人实则处于抑郁状态并伴有自杀观念，来配药实际上是在积攒用于自杀的安眠药，那么医生采取后一种态度，则更有可能识别出有对这位老年病人实施抑郁评估和临床干预的需要。

（三）医学生的共情训练

医疗领域开展过很多针对医学生的共情训练。Stepien 和 Baernstein[14] 系统回顾了针对提升医学生共情水平的干预研究。他们发现，干预研究会使用不同的策略来提升共情水平，并将这些干预策略主要分为四大类：增进沟通 / 人际技能的培训，使用戏剧、文学作品和写作等叙事手段来增进共情能力的策略，以让学生从病人的视角来体验医疗服务从而增进其共情水平的策略，以及以提升医学生的自我关爱水平和身心健康为目标来增进该人群的共情能力的策略。Hojat[12] 在他的综述文章中则回顾了在医疗领域用来提升医务人员 / 医护生共情水平的十种策略，它们分别是：增进人际技能策略、录制医患之间会谈的音频或视频策略、观摩角色范例策略、角色扮演策略、跟随病人（成为其向导）策略、住院体验策略、学习文学和艺术策略、增进叙事技能策略、戏剧表演策略，以及巴林特小组策略。在 Kelm 等 [6] 发表的一篇类 meta 分析的文章中，他们系统地回顾了至今发表在英文期刊上的以干预医生共情为主题的文献，在共情干预的类型上，Kelm 等主要做了八类分类，分别是：沟通技能训练、角色扮演、人文类训练、巴林特小组、动机性访谈训练、基于正念的压力管理项目、基于问题的学习（problem-based learning，PBL）和其他类型（other）。综合以上三篇综述类文章所提到的策略类型，表 8-1 主要根据 Kelm 等的分类列出了这些干预类型的一些基本特征和形式，同时也提供了一些相应的示例供各位读者参考。

在这些策略中，读者或许可以发现，大多数的策略都在试图增进共情能力中的“认知”成分，即让医务人员或医护生能更好地去觉察、识别和理解病人的感受、需求和体验，而且大都通过某种体验式学习的方式让医务人员或医护生能进入到病人的“内在世界”之中，无论是通过更为被动的方式，例如阅读文学作品、观看电影和戏剧或是观摩医患沟通的录像，还是通过更为主动的方式，例如在虚拟游戏中或是在真实的医疗场景中扮演病人。

在这些策略中，除了不同形式的体验式学习模式之外，基本上都会包含一个反思或讨论的环节，让学员能够在同伴小组当中或是在与指导者一对一的面对面交流中对自己的体验进行进一步的澄清、反思和总结。这类环节或许是非常重要的，它让学员能够和自己的体验拉开一定的距离，从认知层面来重新看待和审视自己的体验，让体验成为某种知识，而不是仅仅沉浸在体验当中。这种反思性的共情态度和能力对于医务人员而言或许也是极为重要的，毕竟在这一职业情境下，情感性的共情，即切身体验到病人的内在世界，既无益于完成医疗任务，也往往不利于医务人员自身的身心健康。

当然，仅能完成共情的认知成分，即对病人的准确理解还不够，因为医疗情境中的共情还包括将上述理解准确地传达给病人，所以从数量上来看，在共情干预的培训项目中，以沟通训练为主题的培训项目是最多的，而且即便并非以沟通训练为主题的项目，也往往带有帮助学员如何更好地表达共情的训练成分，例如在巴林特小组讨论的过程中，会围绕特定小组成员在医患沟通中的困扰进行讨论，并尝试提出解决的办法。

此外，近年来有些干预项目的目标似乎并不在于直接干预共情水平，而是旨在降低医务人员或医护生的应激水平和增进他们的幸福感，例如正念减压项目，从而提升医务人员或医护生做出共情反应的意愿和可能性。这类项目的一个假设是，当从业者本人能够有足够好的被理解和被支持的体验，那么他们也就更有动力和意愿在职业情境中让自己的病人获得这种体验。这类项目也指出了在医疗领域中进行共情干预的难点之一：具备共情能力并不等同于真正去实践这种能力，后者还要取决于许多和能力无关的个人和情境因素，包括医务人员本身的动机（例如是否认为对病人的共情有助于自己提供更高质量的服务），承受的职业压力水平（例如病人接诊量的多寡），机构和制度上的限制（例如强调生物学指向和短程指向的医疗管理模式），以及社会文化层面因素（例如对医生的刻板印象、涉及医疗事故责任认定和对医务人员的权益保护相关的法律和条例）。

因此，在着手设计和实施为医务人员或医学生提供有效的共情干预项目之前，我们也需要思考这类干预项目在整个医学教育和医疗服务中的位置和功能，以及去思考如何能提升医务人员在医疗服务中去真正实践共情并从中获益的可能性。

二、医务人员共情能力的训练类型

在 Stepien 和 Baernstein[14] 回顾的 13 项以医学生为对象的共情干预项目

中，所有的项目都报告了积极的干预结果，而若从干预类型上来看，旨在提高医学生行为层面的共情水平的沟通训练项目表现出了相对更优的效果。但他们同时也指出，这些研究也存在不少缺陷，包括对共情的界定不清、对共情的测量工具不够可靠、样本量小、缺少对照组等，因而也限制了这些研究的推广价值。

Brunero 等[15] 回顾了针对护生的共情干预项目的效果，他们发现，在 17 个研究中，有 11 个研究报告了干预项目能显著提升护生的共情水平，并且指出，在所采取的干预策略中，具有体验式学习成分的干预策略相对有更优的效果。

Kelm 等[6] 则主要回顾了针对医务人员共情能力的干预项目的疗效研究，按照他们的统计，有 66% 的干预项目报告了积极的干预效果，即参与者的共情在完成干预项目后有所提高，22% 的干预项目没有发现干预对参与者的共情有任何影响，另有 12% 的干预项目报告了参与者在有些指标上体现出了共情的增加，在另一些指标上则没有变化。

而且，需要指出的是，这些干预研究无论从干预的对象（例如，针对医学生还是医生），干预的策略（表 8-1 中可见），干预的时长（根据 Kelm 等的报告，这些干预项目的时长从 40 分钟到 96 个小时不等，均值为 15 小时，标准差则有 74.4 小时之多），到使用的研究方法（例如使用随机对照组的研究方法还是单组前后测的方法）和测量方法（例如仅使用自评量表，还是包括自评和他评两种测量方式）之间都有相当大的差异。

有意思的是，当 Kelm 等[6] 按照这些干预研究的研究设计质量将其划分为三个等级之后，再次比较了这三种不同质量等级的研究结果，他们发现，第一等级的研究（均采用随机对照组法和可靠的测量指标）相比第二和第三等级的研究而言，报告了更积极的结果，即在所有 10 个第一等级的研究中，有 8 个报告了参与者的共情有所提升，2 个研究报告了混合的结果，而在第三等级的研究中，在所有 45 个研究中，有 11 个研究报告了不显著的研究结果，6 个报告了混合的结果。换句话来说，越是设计质量高的研究，其干预效果也更好。值得注意的是，上述这些研究者都不约而同地指出，目前的干预研究都普遍存在定义不清晰、测量不可靠或过于单一、干预流程不明晰，以及干预和临床实践“脱节”的局限，并呼吁需对临床情境下的共情行为及其结果和功能展开更多的研究。

表 8-1 针对医生的共情训练类型及示例

干预类型	特征或形式	示例
沟通技能训练	• 以增进个体在临床情境中和患者的有效沟通为目标 • 常采用多种教学形式，包括讲授、体验式学习和沟通行为训练 • 常包括对有效沟通和共情的定义知识讲授，例如如何识别和理解非言语的线索 • 常使用多媒体材料	✓ 让学员访谈标准病人，随后教员可对学员的表现进行反馈，以此提升学员的沟通技能 ✓ 录制有关医患间有效沟通的标准化录像，让学员观摩，鉴别其中有效和（和）无效的因素，对自己的沟通技能进行评价、反思和讨论 ✓ 使用医学访谈中的共情沟通人际模型[12]，该模型将沟通技能分为三个基本成分：认知——认识到病人的负面情感、担心以及内心体验；理解——对上述情感、担心和体验进行探索；沟通——认可病人的上述体验从而让病人觉得自己被理解。 ✓ 使用“治疗性沟通项目”提升一年级医学生的沟通能力[16]：医学生以每周一次的频率和一位真实的病人会面，与此同时接受每周一次的团体督导，与学生探讨他们在和病人会面中的个人体验，共持续四个月。该项目的目标是增加学生三方面的能力：与病人有效互动的能力，在医患关系中采集、理解和利用不同类型的心理信息的能力，以及增加他们在面对病人和其不同的疾病及行为时的好奇心、耐挫折能力和舒适程度。该项目在评估学生沟通能力时具体将其界定为以下六种能力：①让他人参与谈话的能力；②维系谈话的能力；③理解他人视角的能力；④准确追踪他人情绪的能力；⑤恰当地表达关注和关心的能力；⑥在做到上述行为时不表现出对他人的否定、贬低和控制的能力。

续表

干预类型	特征或形式	示例
角色扮演	• 强调体验式学习 • 让学员扮演病人或病人家属 • 角色扮演可在课程、虚拟游戏，或在医院环境中进行	✓ 让学员轮流扮演病人 / 病人家属和医护人员这两个角色，模拟具体的医疗干预程序或策略，讨论自己的体验，并相互给予反馈 ✓ 使用模拟病人游戏项目[7]增进对特定病人的共情水平：让医护生完成 3 小时的名为“老年医学游戏”（geriatric medication game）的模拟游戏，在游戏之后与教员进行谈话，对自己的体验进行反思。医护生被要求在游戏中扮演一位老年人，游戏将随机分配给这位虚拟老人特定种类的躯体问题（例如视力减退、行动力减退等）以及特定的经济地位（高、中、低）；医护生在游戏中需要扮演这位虚拟的老年人在六种不同的情境中寻求医疗服务（例如医生诊室、药房、护士室、家中等），并在这个过程中接触到表现出不同共情能力和关爱水平的医护人员，以及完成不同的就医行为（例如排队就医、服药）。在游戏中，扮演者还会碰到由教员扮演的“命运使者”角色，这个角色可以改变医护生所扮演的老年人角色的特征、疾病状况和所接受的医疗服务等。 ✓ 住院体验项目[12]：从未有住院经历的医学生使用化名住院体验病人生活（医院环境中的医护人员并不知情）。
人文类训练	• 以从事主题写作、看电影、听音乐、从事绘画等艺术活动或参与戏剧表演的方式增加学员的共情能力 • 这些活动的主题可聚焦于：理解情绪和情绪表达，和衰老、疾病、残障或死亡相关的主题，与职业相关的道德和伦理议题	✓ 反思性写作（reflective writing）：让学员想象一位病人，这位病人可以是学员自己在医疗服务中遇到的，也可以是教员提供的“标准化”病人，让学员尝试从病人的视角来写一篇文章。 ✓ 以涉及医学主题的电影为媒介（例如主人公罹患某种疾病），组织学员观看，并做分享讨论，以提升学员的共情态度和利他水平[16]。 ✓ 让学员观看病人的主题表演[12]：学员观摩了患有获得性免疫缺陷综合征的病人和患有卵巢癌的病人以诗歌、演唱和口述等方式对自己应对疾病的过程进行阐释的表演

续表

干预类型	特征或形式	示例
巴林特小组	• 最初是以小组为形式，为全科医生提供临床督导的方法，目前该小组既可用于提高医务人员的共情能力，又被用于降低医务人员的压力和职业倦怠 • 其主要理论背景为精神分析的客体关系学派，假设病人的行为和情感有多重性，且会影响医生的行为和情感，甚至导致医生做出错误判断和行为 • 小组一般由 8 ～ 12 名成员组成，领导者的任务在于让小组成员发现和解决自己在执业中的各种问题，促进其沟通技能，改善医患关系 • 小组的一次活动一般持续 1.5 小时，整个小组持续一年以上，基本形式为：一名医护人员报告一段医患关系并陈述自己的各种感受、想法等，其他成员倾听；小组会面后 1/3 的时间中，其他小组成员发表看法，展开讨论交流	✓ 使用巴林特小组提升新护士沟通能力 [17]：巴林特小组的讨论主题是护患关系和沟通细节，每次处理两个案例，每个案例的基本流程包括：①确定案例报告人；②案例报告人描述和患者 / 家属沟通的过程以及存在的困惑和问题，并回答其他组员的提问；③其他组员发表看法，案例报告人倾听；④案例报告人发言总结；⑤组长总结。活动频率为每周一次，每次 90 分钟，共持续 3 个月。
动机访谈	• 最初为用于酗酒行为的一种心理治疗方法，目前已用于处理各类心理障碍和健康问题 • 其核心是激发个体的自我改变的动机，强调个体在解决问题和适应改变中的自身能力和资源 • 其基本步骤包括：表达共情、发现差异、接受阻抗、维持自我效能	✓ 让医生接受动机性访谈的培训，从而帮助他们更好地理解病人的行为

续表

干预类型	特征或形式	示例
正念训练	• 是基于“正念”理论产生的心理治疗方法之一；所谓的正念是指让个体有意识地将意识觉察聚焦在当下，且对所觉察的体验不加任何评判，从而帮助个体产生一种觉察力 • 其特点包括：聚焦当下且全盘接受当下体验；鼓励个体改变在生活中可改变的领域；帮助个体澄清价值观，从而过一种内在一致的生活 • 常用的训练技术包括：躯体扫描、静坐冥想、正念行走、正念瑜伽，觉察呼吸等 • 其标准课程可以团体形式进行，一般持续 8 周，每周训练 2.5 ～ 3.5 小时不等，第 6 周会进行 7.5 小时全天训练；除正式训练之外，参与者还需完成约 1 小时左右的家庭作业 • 目前除在心理治疗领域使用外，也用于其他躯体疾病的辅助治疗	✓ 在医务人员群体中使用正念减压训练来发展他们的觉察力并降低其职业压力
PBL	• 以学生为中心的教学模式，强调学生主动学习的能力 • 常使用教学案例，让学生通过解决一个开放式的问题来学习问题解决所需的知识和策略 • 学生组成小组，在学习过程中通过发现和总结自己已知的知识和技能，解决问题所需但还未知的知识和技能，以及了解如何获得这些知识和技能来解决问题 • 教员在这个过程中给学生提供支持和指导	✓ 以在医患关系情境下如何对病人以及病人家属进行共情和有效沟通为教学中的问题焦点，设计教学案例

续表

干预类型	特征或形式	示例
其他	• 具有“混合”式的特点，即采用多种上述提及的形式进行干预 • 一般都包含某种体验式的任务	✓ 在以提升共情为主题的工作坊中采用包含沟通训练、人文类训练和正念训练的任务 ✓ 以课程讲授和角色扮演为主要方式对医学生进行为期两天的沟通技能训练工作坊 [18]：第一天包括 2 个小时的沟通技能课程和以“临床情境和治疗关系中的基本沟通技能”为主题的角色扮演。第二天的内容包括两个不同的角色扮演，分别以“从病人那里获取信息”和“向病人传递信息”为主题。在为期两天的工作坊中，所有的角色扮演都进行两轮，第一轮是错误的版本，即医生表现出了有问题的沟通行为，而第二轮则是正确的版本。学员会在第一轮角色扮演之后和教员一起展开讨论 ✓ 以一年级医学生为对象开展“病人向导”教学实践项目 [19]：采用体验式学习的理念，让一年级医学生陪同一位门诊病人完成所有的就诊流程，随后学生以小组的形式对自己的体验进行反思和讨论 ✓ 结合 PBL 和巴林特小组的方法来教授医学心理学中有关医患关系和医患沟通的内容 [20]：根据“医患关系和医患沟通”的教学内容组织 3 次小组案例讨论，小组由 10 名医学生，一名领导者和一名助手组成。在案例选择上，领导者会鼓励学生讨论他们在临床实践中所接触到的、使其产生强烈情感反应的患者，或者邀请学生讨论领导者提出的案例

注：表格中注明引用出处的示例为本章作者额外补充的示例，若未注明出处则都为 Kelm 等的示例

第二节　心理咨询人员共情能力的培养与训练

一、心理咨询人员的共情模式

在 Clark[21] 撰写的《心理咨询和心理治疗中的共情》一书中，他回顾了心理咨询和治疗领域中对共情的界定、理解和使用，并提出心理咨询和治疗领域中对共情的界定和理解存在三种不同模式，分别是体验模式（experiential mode）、沟通模式（communication mode）和观察模式（observational mode）。

共情的体验模式的典型代表是人本主义大师罗杰斯，这种界定共情的方式之后又被他的继承者们继续发扬光大。而作为沟通模式的共情则是指将共情视为一种沟通技能来看待，并通过发展出一系列的操作定义来界定行为层面的共情沟通技术，这一指向在上个世纪六七十年代尤为流行。共情的观察模式则强调共情的某种特定功能，即临床工作者使用共情作为一种获取来访者相关心理事实和材料的手段，随后再由临床工作者将这些心理事实和材料转化为解释或其他的干预方式。这三种模式不仅对共情的界定有所不同，而且对于共情的使用方式以及它在临床领域的功能也有不同的看法。

（一）共情的体验模式

在罗杰斯看来，共情是临床工作者的一种态度和姿态，而不是某种特定的干预技术和策略。他将共情的能力界定为“能准确地觉察到他人内在的参照系，就仿佛自己就是对方，但与此同时又并没有丧失这种‘仿佛’（as if）的条件”。在这个定义中，“仿佛”的条件十分重要，即临床工作者并不在共情时真的和来访者融为一体，不分你我，而是说在面对来访者时，通过和来访者建立一种暂时的投入（engagement）关系从而尝试把握住来访者的内心世界[21]，然后再将自己所获得的理解传达给来访者。在《当事人中心治疗：实践、运用和理论》一书中，他对于咨询师的功能做了如下的论述：“咨询员的功能是尽可能地设想当事人的内在含义，像当事人一样观察世界，像当时人一样看自己，并在这么做的时候排除所有来自外在世界的概念，且和当事人进行同理的交流”。他接着又说：“咨询员必须放下他的诊断和诊断思维，必须抛弃他做专业评价的倾向，必须停止他做出精确判断的企图，必须抵御指导他人的诱惑，而且必须只集中于一个目标，就是对当事人目前意识层面所具有的态度提供深刻的理解和接纳”。而之所以采取这种态度的目的和结果则可以用下面这段话来表明：“假如我们用咨询员的观点来描述的话，咨询员会说‘为了支持你，我把自己——日常交流时的自我——放在一边，我竭尽全力进入你感觉到的世界。我会变成（某种意义上）你的另一个自我——你自己的态度和情感的一个密友——有一个安全的机会让你更加看清自己，更真实深刻地体验你自己，更明智地进行选择’。”

（二）共情的沟通模式

罗杰斯十分强调“去技术化”的共情，而沟通模式的共情则恰恰强调共情是一种人际技能[21]，临床中的共情是通过临床工作者向来访者表达的言语和非言语的信息来实现的，共情的成功与否则依赖于临床工作者的表达是否准确。在这种框架下，对共情的衡量常常会通过访谈或是问卷来完成，前者会要求被评估的临床工作者或研究参与者进行一段标准化的咨询情境的访谈，然后再评估这些临床工作者或参与者的共情表达是否准确；后者则会采用类似的情境模拟法，但主要通过问卷的方式来获取和衡量受试者的共情能力。因为强调行为层面的共情，因此在这种模式中，反馈技术（reflection），即反馈立法者的感受和临床工作者对来访者的知觉，成为了共情反应的代名词，并得到了许多的研究。这一模式自然并不为罗杰斯所接受，他认为这种将共情视为技术而非态度的做法也扭曲了人本主义的精要。另一个有这种指向的批评是，因为不同专家对于何为准确的共情有不同的评价，所以在确立评价体系上也有困难。不过，沟通模式对于临床领域的培训而言仍然具有重大的意义，至少它给临床工作者，尤其是新手们提供了更清晰、更具操作性的框架来理解共情和训练自己的共情能力。

（三）共情的观察模式

在 Clack[21] 看来，观察模式将共情视为一种收集信息的活动，是一种观察的手段，是为在此基础上实施的临床干预手段所做的准备。自体心理学的代表人物科胡特被认为是这一模式的创立者，而共情在其治疗指向中也具有重要的地位。在科胡特看来，共情是分析师在从事某种“替代性的内省”，即分析师让自己进入被分析者的内在世界，去思考和感受。科胡特区分了两种治疗师的功能，这两种功能都和共情有关。一种是近端体验（experience-near）功能，此时，治疗师会在情感层面参与来访者的内在世界，在治疗师内心出现短暂的、替代性的认同来访者的过程，但与此同时，又要保持一种更为客观的观察者角度。另一种是远端体验（experience-far）功能，即治疗师对近端体验功能所获得的观察信息进行评估和概念化，最终形成治疗性的解释，并传达给来访者。科胡特认为，除了在治疗过程中，在个体的发展和病理问题的形成过程中，共情也是一个重要的因素，即在发展过程中缺乏来自重要客体的良好的共情体验是个体形成病理问题的一个重要条件。

除了区分三种模式的共情之外，Clack[21] 还提出，虽然几乎每一个重要的治疗指向都会涉及治疗师的共情功能，但不同的治疗指向对于共情的界定、理解和强调也有比较大的差异。例如，他认为，人本主义治疗和自体心理学治疗是所有治疗指向中对共情最为强调的流派，尽管前者认为共情乃是促进治疗改变的充要条件之一，而后者则认为共情是为解释提供原始材料的观察方法。阿德勒的个体心理学治疗、存在主义治疗、认知行为治疗和其他精神分析流派的治疗指向在一定程度上强调共情，在它们各自的临床实践中也能较为清晰地看到共情的应用，例如，对于一位认知行为治疗师而言，共情能够帮助形成合作式的治疗关系和理解来访者的歪曲认知范式。相较之下，理性情绪行为疗法、交互分析、短程焦点治疗、家庭系统治疗、格式塔治疗等流派则并不那么强调共情的功能。

二、心理咨询人员共情能力的培养策略

在所有类型的助人行业中，心理咨询和治疗中对临床工作者共情能力和行为最为重视，而且有关于良好的共情对于心理咨询和治疗疗效的贡献也积累了大量的证据。

有一项 meta 分析研究发现[22]，共情可解释约 10% 的治疗效果，其解释效力甚至高于其他具体的治疗干预种类的效力。相比对共情本身在治疗过程中的作用和功能方面的研究，在行业内直接以共情为目标的训练策略 / 项目以及对这些训练策略 / 项目的疗效研究则并不多见。一方面，心理咨询和治疗师接受的所有培训都可以被视为是某种增进其共情能力的训练：临床工作者所接受的一般心理学理论和特定治疗流派的理论学习都旨在帮助他们更准确地去理解来访者的内在感受、想法和体验，而其在专业培训中所做的临床实践、督导和所接受的个人体验治疗也都会涉及临床工作者的共情能力的训练和培养。换句话来说，对临床工作者共情能力的培养和训练往往会内嵌在对咨询师或治疗师的整个培训过程中，而非独立展开。

（一）认知 - 情感性共情策略

Watson 和 Greenberg[23] 基于共情的认知神经心理学层面的研究成果，建议临床工作者可以尝试通过使用几类认知 - 情感策略来增进他们对来访者的共情，包括：

1．使用视觉化技术和主动想象感受来访者的体验和生活；

2．通过仔细体察自己的身体反应来识别被来访者唤起的感受；

3．仔细倾听来访者生活经历的细节和背景；

4．和自己个人的经历保持一定距离从而更容易采用来访者的视角；

5．培养自我觉察和自我反思能力，以及学习如何从他人的叙事和非言语行为中识别情绪反应。

任何对心理咨询师和治疗师的培训有所了解的读者都会发现，所有上述提及的策略都会包含在任何一个较为系统的培训项目之中，而且往往不会被特别强调是在对临床工作者共情能力的培养。此外，鉴于不同治疗指向对于共情的界定和强调有所不同，对共情的培养和训练也便可能和各个指向中不同的理论概念和技术的培训联系在一起。

（二）咨询共情的系统培训项目

若将共情视为一种特定的临床沟通技能，则的确有针对培训咨询师和治疗师临床技能的项目，尤其是在咨询心理学当中，但这些培训项目往往并不仅限于对于共情这一种技术的培养和训练。在本节中，我们将简要介绍两类具有代表性的系统性培训项目，这两个项目都已被不少实证研究证明其能有效地增进学员的临床技能，当然，它们也因将咨询和治疗简化为“标准化”的技术并忽略了咨询关系的重要性而受到了不少诟病。一个项目是由 Truax 和 Carkhuff[24] 基于人本治疗指向理念而设计的人际关系培训项目（system of human relations training），一个项目是由 Ivey 设计的微观咨询（microcounseling）培训项目[25]，这两个项目不仅可用于培训心理咨询师，也被用于培训教师和其他服务行业人员。这两个培训项目的最大特点是都具有具体的训练内容和训练技术，并都将焦点放在人际沟通上，但两者在具体培训内容、所采用的训练技术和评估指标上存在差异。

1．人际关系训练项目　在人际关系训练项目中，培训会分为两个阶段，其一是区分阶段（discrimination），在这个阶段中，受训的学员的学习任务是主要通过听录音的方式来学会区别咨询师所做的属于不同的沟通水平的内容；

其二是沟通训练阶段，在这个阶段中，学员的学习任务是通过角色扮演和临床实习来学习如何使用更高水平的沟通技能。

在两个阶段中，学员都会接受七个不同咨询维度的培训，这七个维度是：准确的共情、真诚、尊重、具体化、自我暴露、对峙以及关系即时化。

在第一个阶段中，学员首先会学习七个维度的概念和定义，然后学习Carkhuff所编制的用于测量咨询师功能的五点评估量表。随后，学员会倾听代表着不同咨询师功能水平的录音片段，并对这些片段的“优劣”先进行独立的评估，再在小组中和同伴以及培训师分享和讨论。对于所有七个维度而言，都会进行上述这一听录音、评价录音和分享讨论的过程。

在第二阶段中，学员会组成两人小组，轮流扮演咨询师和来访者的角色，做10～15分钟的咨询访谈，并对访谈进行录音。随后，在小组中，这些录音会一一播放，学员则对这些录音再次进行评分—分享讨论的过程。在一开始，对这些录音的评价和分享讨论是对每一个维度分别展开的，例如，只对录音中咨询师的共情能力进行评分。在完成了所有七个维度之后，学员还需要对整个角色扮演过程进行综合评价，即评价和讨论咨询师如何使用了不同的核心维度以及其整体的有效性。也就是说，在这个项目中，所有学员的表现最终也都会通过五点评分量表进行评定。

2．微观咨询项目[24]　微观咨询项目是Ivey基于Allen的微观教学范式以及班图拉的社会学习理论设计而成的。这个项目的主要原则包括：①先向学员传授具体的技能，然后再逐渐整合这些技能；②通过观察学习（榜样）来修正学员已有的行为和习得新的行为；③通过练习（即预演）来让学员完成自我观察和对峙的步骤，从而促进行为上的改变；④通过奖赏形式的反馈；⑤通过模拟咨询关系的微观咨询会谈的仿真形式来进行培训。

在微观咨询训练中，学员的学习任务是学习五种基本的咨询技能：参与行为（attending behavior）、语言跟踪行为（verbal following behavior）、最小活动反应（minimal activity response），对感受进行反馈（reflection of feeling）和开放式询问（open inquiry）。每一个技能的学习都基本遵循这样的步骤：首先，学员依次扮演来访者和咨询师的角色和同伴进行5分钟的交谈，并对这一谈话进行录像。其次，培训师将培训手册发放给学员，向学员介绍当下学习的技能，然后向学员播放事先录制好的两个角色扮演片段，一个片段代表的是高水平的特定技能使用情况，另一个则是失败的范例。在第三步中，培训师会一一播放所有学员的录像，并且使用各种不同的教学技术（例如讲授、示范和在现场与学员进行角色扮演）来教授这个特定的技能。在第四步中，学员需要再次进行五分钟的角色扮演，作为咨询师的一方被要求尽量展现出所学到的特定技能。同样，这一会谈也会被录像。最后，学员再回到学习小组中观看第二次的录像，对彼此的表现进行反馈和讨论。

和在医疗情境中相似的是，在心理咨询和治疗的情境中，临床工作者的实际共情行为表现和其是否具备共情能力也并不能画等号。鉴于这一职业所面对的是人类在心理层面的痛苦、匮乏和不成熟的状态，或有待适应、成长和发展的处境，这既使得临床工作者和来访者之间的关系质量更为直接地影响到治疗的效果，又给这种关系的形成和维系带来了更多的挑战；既让临床情境中的共情变得更为重要，也让它变得更为困难，临床工作者的个人因素，包括动机、经历和心身健康水平也更容易影响他 / 她是否能准确而有效地共情。那么，临床工作者所参与的各类能增进自我理解和接纳，起到自我保健和自我关爱目的的活动也会有助于他们更好地共情他们的来访者，这些活动既可以是正式的职业活动，例如参加关于心理咨询和治疗理论技术的继续教育项目，或是专题化的自我关爱项目（例如正念减压工作坊），进行自我体验治疗，接受督导和同辈支持小组，也可以是非正式的、和职业无关的任何能让临床工作者更好地照顾自己和享受生活的日常活动。从这个意义上来说，对共情的培养和训练将贯穿临床工作者的整个职业生涯。

总的来说，针对心理咨询人员共情的研究主要是为了解决以下两个问题：一是心理咨询师如何知晓他人的想法和感受；二是当面对遭受生理或心理痛苦的人，心理咨询师如何向对方提供合适的关爱和帮助。就共情能力的培养和训练而言，不仅要培训以上两方面的内容，还应该让受训者有能力避免因过度卷入的共情反应而出现的自身痛苦或匮乏的状态，以避免影响专业人员的身心健康和工作效能。

案例：假设你面前坐着一个人，他对你说了这样一段话：“我感觉不太正常，而我想感觉正常一点……我想我有些事可以说说，但总是欲言又止。我试着想一下我想说的是什么……我和你说，我无法做出决定，我不知道我想要什么。我试着有逻辑地把这件事情理清楚，试着发现什么对我来说是重要的。我认为男人有两件事要做的：他要结婚并建立家庭。但如果他只是个学士的话，或正在谋生的话，那就不太好。我发现我自己和我的思想回到了我是个孩子并

且容易哭的那些日子里。这个障碍跨不过去。我已经参军四年半了。我那时候没问题、没希望、没愿望。我唯一的想法就是和平到来时我能退伍。我的问题，我现在退伍了，还是一样。我和你说，这些问题要回到很久以前我还没参军的时候……我爱孩子。当我在参军的时候——我和你说，我年轻的时候曾经发誓我永远不会忘记我不快乐的童年——所以当我看到那些当地的孩子的时候，我对他们非常好。我常常给他们冰棍和电影票。那时候——我想回到那时候——我内心的有些情感苏醒了，这些情感是被我长期埋葬的。”[26]

倘若说这番话的是你的一位家人或是一位朋友，你会有什么样的感受和反应？倘若说这番话的是一位你从来没有见过的陌生人，他只是碰巧在某列火车上坐在你的旁边，你又会有什么样的感受和反应？

倘若这位陌生人是出现在你门诊的一位来访者，而你则是他的心理咨询师，这是你们第一次的初始访谈，你会有什么样的感受，又会做出什么反应？倘若你是一名内科医生，这位陌生人是因为慢性头痛来找你看诊的一位患者呢？倘若你是一名老师，这位陌生人是新选上你的一门课程的学生呢？

如果读者愿意尝试想象一下，在上述若干假设的情境当中，自己会有什么样的反应，那么想必也会发现，自己在不同情境中的感受和反应并不相同。面对同样一个人所说的同样一席话，为什么你会有不一样的反应呢？也许你会说，因为你和他的关系性质不同。作为重要的情境因素，关系的性质以及你在关系中所处的角色一方面会影响你对他人所说的话和所做出的举动的知觉与理解，另一方面也会影响你做出回应的动机和意愿，继而影响你实际的反应。共情，作为人际情境中发生的一种现象，自然也不例外。

让我们再回到某种假设的状态，请读者阅读并比较一下，表 8-2 中的两组想法有什么不同。这两组想法都是我们在面对上文中那位陌生人的叙述时可能出现的态度和感受。

表 8-2 对陌生人的叙述所产生的两组感受

第一组	第二组
• 我不知道是否应该帮助他开始讲 • 这种无能是不是依赖的一种表现 • 为什么无法决定 • 关注婚姻和家庭意味着什么 • 他是个精神病人吗 • 我真为他感到难过 • 他为什么对小孩子感兴趣？是某种认同，还是潜在的同性恋	• 你在尽力让自己正常些，是吗 • 对你来说开始行动的确很困难 • 对你来说，做出决定是不可能的 • 你想结婚，但对你来说好像可能性不大 • 你感觉自己充满孩子般的情感 • 对孩子们好对你来说有特殊的意义

摘自罗杰斯[26]，有删改

上述两组反应都属于“共情”的范畴，都是在试图理解对方的内心世界。那么这两类理解有何不同呢？按照人本主义大师罗杰斯的看法，两组的不同在于，前者只是在了解（understand about）对方，而不是尝试站在对方的角度来理解（understand with）他。但需要强调的是，当临床工作者做出第二组的共情反应时，他们仍然能够清楚地意识到自己和他人的区别。在罗杰斯看来，临床领域中足够好的共情是第二组而非第一组，但即便是第二组，如果咨询师或治疗师是以一种信心十足和宣告式的口气讲出了那些话，而不是以某种假设的语气来传递自己的理解，那么他们的“共情”的反应也是不成功的，因为前者没有体现出咨询师/治疗师“吸纳对方内心”的态度。

（高 隽）

参考文献

[1] Larson E B，Yao X. Clinical empathy as emotional labor in the patient-physician relationship[J]. Jama the Journal of the American Medical Association，2005，293（9）：

1100-1106.

[2] Marcus E R. Empathy，humanism，and the professionalization process of medical education[J]. Academic Medicine Journal of the Association of American Medical Colleges，1999，74（11）：1211-1215.

[3] Levinson W. Physician-patient communication. A key to malpractice prevention[J]. Jama，1994，272（20）：1619-1620.

[4] Maatta，S.M. Rethinking empathy in nursing education：shifting to a developmental view[J]. Nursing Philosophy，2006，7，3-10.

[5] Anderson M，Cohen J，Hallock J，et al. Learning objectives for medical student education-guidelines for medical schools：report I of the medical school objectives project[J]. Academic Medicine Journal of the Association of American Medical Colleges，1999，74（1）：13-18.

[6] Kelm Z，Womer J，Walter J K，et al. Interventions to cultivate physician empathy：a systematic review[J]. Bmc Medical Education，2014，14（1）：219-230.

[7] Chen A M H，Kiersma M E，Yehle K S，et al. Impact of the geriatric medication game on nursing students empathy and attitudes toward older adults[J]. Nurse Education Today，2015，35（1）：38-43.

[8] Rahimi-Madiseh M，Tavakol M，Dennick R，et al. Empathy in Iranian medical students：A preliminary psychometric analysis and differences by gender and year of medical school[J]. Medical Teacher，2010，32（11）：471-478.

[9] Newton B W，Barber L，Clardy J，et al. Is there hardening of the heart during medical school?[J]. Academic Medicine Journal of the Association of American Medical Colleges，2008，83（3）：244-249.

[10] Pedersen R. Empirical research on empathy in medicine-A critical review[J]. Patient Education & Counseling，2009，76（3）：307-322.

[11] Davis M A. A perspective on cultivating clinical empathy[J]. Complementary Therapies in Clinical Practice，2009，15（2）：76-79.

[12] Hojat M. Ten approaches for enhancing empathy in health and human services cultures[J]. Journal of Health & Human Services Administration，2009，31（4）：412-450.

[13] Williams J，Stickley T. Empathy and nurse education[J]. Nurse Educ Today，2010，30（8）：752-755.

[14] Stepien K A，Amy B. Educating for empathy[J]. Journal of General Internal Medicine，2006，21（5）：524-530.

'runero S，Lamont S，Coates M. A review of empathy education in nursing[J]. Nursing

Inquiry，2010，17（1）：65-74.
[16] Shapiro S M，Lancee W J，Richards-Bentley C M. Evaluation of a communication skills program for first-year medical students at the University of Toronto[J]. Bmc Medical Education，2009，9（1）：11-19.
[17] 梁红玉 . 应用巴林特小组培训模式提高新护士护患沟通能力 [J]. 护理学杂志，2013，28（21）：1-3.
[18] Nasr Esfahani M，Behzadipour M，Jalali Nadoushan A，et al. A pilot randomized controlled trial on the effectiveness of inclu-sion of a distant learning component into empathy training[J]. Med J Islam Repub Iran，2014，28，65-71.
[19] Henrytillman R，Deloney L A，Savidge M，et al. The medical student as patient navigator as an approach to teaching empathy[J]. American Journal of Surgery，2002，183（6）：659-662.
[20] 梅松丽，张莹，胡远超 . 以问题为中心结合巴林特小组在医学心理学教学中的应用 [J]. 中国高等医学教育，2014（12）：62-63.
[21] Clark A J. Empathy in counseling and psychotherapy：perspectives and practices[M]. Mahwah：New Jersey Lawrence Erlbaum Associates，2006.
[22] Dekeyser M，Elliott R，Leijssen M. Empathy in psychotherapy：Dialogue and embodied understanding[J]. Cambridge：Mit Press，2009.
[23] Watson J C，Greenberg L S.The social neuroscience of empathy[M] The social neuroscience of empathy . Cambridge：MIT Press，2011：81-96.
[24] Toukmanian S G，Rennie D L. Microcounseling versus human relations training：Relative effectiveness with undergraduate trainees[J]. Journal of Counseling Psychology，1975，22(4)：345-352.
[25] Baker S B，Daniels T G. Integrating research on the microcounseling program：A meta-analysis[J]. Journal of Counseling Psychology，1989，36（2）：213-222.
[26] 卡尔·罗杰斯 . 当事人中心治疗：实践、运用和理论 [M]. 北京：中国人民大学出版社，2013.